JN056038

|飼 育 の 教 科 書 シ リ ー ズ|

樹上棲カエルの教科書
———— How to keep Tree Frogs ————

樹上棲カエル飼育の基礎知識から
各種類紹介と繁殖 etc.

蛙（カエル）。短歌や俳句などでも馴染みがあるように、古くから日本の風景や季節を表す生き物としても欠かせない存在であると言えるでしょう。今回はその中でも特に日本人の生活に密着しているニホンアマガエルを含む、「樹上棲」と呼ばれる木や葉の上を主な生活圏に選ぶカエルを取り上げてみました。飼育難易度の高い種も多いですが、ハードルを越えるための手助けになれば幸いです。

CONTENTS

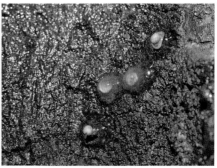

Chapter 1

樹上棲カエルの基礎

—— Basic of Tree Frogs ——

まずはカエルという生き物についての基礎知識。
あなたの予備知識は間違えていませんか？
分類や生態などを正しく理解してこその飼育です。

01 飼育の魅力と心がまえ

幼い頃にカエルを捕まえて飼育しようとした経験はないだろうか？ おそらくある程度の年齢の人（昭和生まれかそれに近しい人）にとって、幼い頃に捕まえたカエルというと、どうしても知識も情報もなく、餌もわからず悲しい結果になったという思い出があると思う。そうでない人も、何となくカエルの飼育というと「難しい」「餌がたいへん」などというイメージを少なからず抱いている人も多いかもしれない。しかし、近年は飼育するためのカエルの情報は格段に増え、餌を扱うショップも増え、飼育できる種類も増え…と、飼育をチャレンジできる環境が整ってきている。

今回取り上げる樹上棲のカエル（以下、ツリーフロッグ）は、色柄が美しい種・愛嬌のある種・奇怪な容姿を持つ種・動きがおもしろい種等々、飼育意欲をそそられる種類がみごとに揃う仲間たちだ。たしかに飼育困難な種類が多いのも事実だが、それはそれで趣味人としてはやりがいのある（挑戦したくなる）ものだと思う。誰でも気軽に飼育できることはすばらしいことだが、爬虫類や両生類・魚類の飼育というのはペット飼育というよりは「研究」「探求」という面が非常に大きい。特にツリーフロッグというのはその部分を非常にくすぐる存在であると言えるだろう。

そういう意味でも最初に強く断りを入れておくが、「触りたい（触れ合いたい）」「常に動いている姿を見たい」「飼育するペットが寿命以外で死ぬことが耐えられない」という人はカエル全般、飼育することを考え直したほうが良いだろう。それらを希望するならぜひ犬猫などのペットとして優秀な生き物を飼育すれば良いのである。カエル、特にツリーフロッグの飼育は「触れない」「動かない」「ちょっとしたことで調子を崩す（死に繋がる）」ということを大前提としたうえでトライする類いの生き物だからである。

アカメアマガエル。流通量のわりに国内での繁殖個体数はそう多くない。一方で、海外から繁殖された個体や色彩変異が輸入されてきている

02 はじめに

　カエルというと非常に幅広い分野となってしまい、飼育スタイルも多岐に渡りすぎてしまうため、今回はまず「樹上棲種」に絞った。「樹上棲」というと木の上にいるカエルと思われがちだがそのかぎりではなく、「主な生活圏が地面ではない」という考えかたで良い。必ずしも高い木の上にいる種類ばかりではないということだ。たとえば、ニホンアマガエルなどは高い木の上で見つかることはほぼないが、生活圏は葉（イネの葉など）の上だったり民家の壁面だったりと、歴としたツリーフロッグなのである。

　そのようなツリーフロッグの飼育において最大のポイント（難点）を挙げるとするとそれは「温度」だと考える。木の上や葉の上などを生活圏に選んでいるということで、そのような場所は風通しが良く、一見暑く見える真夏でも森の中などは風が抜けて非常に涼しい場合が多い。要するに多くの種類は「高温多湿」がNGということとなる。現在の日本国内の真夏の気温で、何の対処もなく飼育できる種類や地域は非常に少ないと言える。しかし、逆に低温にはそこそこ耐性のある種も多く、多くの爬虫類飼育では冬場に保温器具を用意したりし

て対処しなければならないのに対して、秋や春（一部の種類は冬場も）は多少気が楽になる。イモリやサンショウウオの飼育ほどではないが、カエルの飼育も「多くの爬虫類の飼育と苦労が逆なだけ」と解釈してもらえれば良いだろう。ただ、冷やすことは暖めることよりもやや難しく、たいていはエアコンを稼働させることになる。そうなると「エアコンなしでツリーフロッグの飼育は不可能？」と思われてしまうかもしれない。だが、そのようなことはなく、種類こそ限られてしまうが工夫次第では十分飼育を楽しめるだろう。後述の飼育器具の紹介や種別解説を参考に、自身の生活スタイルと飼育スタイルに合致した好みの種類を選んでほしい。

いくつかの品種が作出されるようになった
アカメアマガエル

03 分 類 と 生 態

　「カエル」という生き物は、分類上は「両生綱無尾目」となる。聞き馴染みのある言葉に言い換えれば、「両生類の中の尾のない生き物」となり、その対照的存在が「有尾類（有尾目）」のイモリやサンショウウオといった尾のある両生類となる。

　世界を見渡してみると、カエルは南極大陸を除く全ての大陸に分布し、今回取り上げたツリーフロッグは、後ほど紹介する種類だけ見ても全部で5つの科に分類される。いずれも水への依存度は高く、もちろん水棲種ではないが、川や池・雨水の水たまりなど「水」のない場所には生息していない

と言っても良いだろう。特にどの種類も大なり小なり川の近くに生活圏を持つことが多い。川の近くは風の通り道となっていて通気も良く、温度も低めであるため、カエルが棲むには好条件が揃っていると言える。これは文字で表したり口で言ったりするよりも、時間がある時にぜひご自身で里山などに行って、実際にその空気を感じ、飼育の参考にしてほしい。

　また、標高も大きなポイントとなる。たとえばマレーシアに棲むカエルと聞くと、「東南アジアの熱帯雨林」をイメージしてしまいがちかと思う。しかし、東南アジア

歩くように移動するテ
ヅカミネコメガエル

にももちろん標高の高い山や高地があり、多くのカエル（特にツリーフロッグ）はそのような標高の高い場所に分布していることが多い。後の種別解説には国名を記載しているが、その国の名前だけを見て自身の想像（印象）だけで飼育する気温などを判断するのは早計かもしれない。

食性はほぼ100%が昆虫食（肉食）である。カエル全般は一部の種類を除き、動いている生き物のみを捕食する。逆に言えば、動いていないものは餌として認識しない種類がほとんどである。ツリーフロッグは特にそれが顕著であり、動く生き物だとしてもその種が好む動きをしなければ全く反応しないことも多い。飼育下での餌はコオロギが一般的だが、そのコオロギに反応してくれない種類も多々いる。そんな餌付きの悪い種類でも、ハエやチョウなど、飛ぶ生き物を与えると目の色を変えて反応することがある（後の餌の項にて解説）。近年では、爬虫類や両生類の飼育において人工餌料が一般化している。しかし、ことツリーフロッグの飼育において人工飼料というものは、一部の種類を除きほぼ出る幕はないだろう。人工飼料での飼育は「叶わぬ夢」だと思ってほしい。

イエアメガエルは現地では民家周辺などでも観察できる身近な存在

04 体

　同じ両生類である有尾目はもちろん、多くの爬虫類などと比べても非常に独特な体型を持つ。2頭身から3頭身の体に木に登るのに適した長めの四肢を持ち、そこには吸盤や水掻きが発達するカエルも多い。特に後肢は発達している種類が多く、ジャンプ力は強い。一方、前肢は木に登ったり壁に貼り付いたりする役割のほか、口で捉えた獲物が大きい時に前肢を使って口の中に押し込むカエルもいる。ツリーフロッグではないが、水棲のコモリガエルの仲間は前肢の指先がセンサーのような役割を果たし、触れたものを掻き込んで口に運ぶ。他にも、地面を堀やすいよう後肢の踵部分に固い突起を持つスキアシガエルの仲間などもいる。カエルの四肢だけみても多種多様で興味深い。

　体表は有尾目同様、鱗を持たない代わりに魚類のように皮膚に粘液（粘膜）を持ち、その粘液には大なり小なり毒を持つカエルが多い。たとえば身近なニホンアマガエルも皮膚の粘膜から毒が分泌している。だからと言って恐れる必要はなく、触れた手で物を食べたり目をこすったりせず、きちんと手を洗うことを心がければ問題はない。皮膚の弱い人や外傷のある人は無理をせ

ず、ニトリル手袋（手術用手袋のようなもの）などを着用して触れるようにすると良いだろう。

　ただし、毒を持つという点で飼育下において注意しなければならないのは人間に対してだけではない。カエル全般、身の危険を感じたりすると毒を分泌することが知られている。何も掴んだり追いかけたりした時などに限った話ではない。弱ったりした時にも毒を分泌することも多く、飼育下で状態を崩してしまったカエルが飼育ケージの水入れで絶命してしまうことはままあるが、その時に毒素を分泌している場合があるのだ。その水に同居しているカエルが水浴びに来てしまったとしたら、どうなるかは想像に難くないだろう。

　いずれにしても毒素の有無に限らず、カエルの皮膚は非常に敏感でデリケートな部分であるため、手に持って遊んだりするような過剰な接触や、スキンシップを取るなどの行為は絶対に避けたい。爬虫類にも言えることだが、特にカエルは人間に触られて喜ぶような生き物ではない（感情はゼロかマイナスである）。もちろん、メンテナンス時の移動などその程度は問題ないので、最低限の接触を心がけて飼育しよう。

カエルの体（ニホンアマガエル）

尾はない　　　　　　頭部　　目

後肢

水掻き　　　　　前肢

吸盤

樹上棲カエルの用語解説

WC と CB	WCはWild Caught（Catchの過去形）の略で、意味は野生採集。WCやWC個体と書いてあったら野生採集個体という意味。一方、CBはCaptive Breeding（Captive Bredとする場合もある）の略で、意味は飼育下繁殖。CBやCB個体と書いてあったら飼育下での繁殖個体という意味。
幼体	オタマジャクシを指す「幼生」と混同されがちであるが、幼体は単にそのカエルの子供の頃を指しており、大きくなると「亜成体」や「成体」と呼ばれる。厳密に言えば幼生も幼体と呼んで間違いではないと思うが、混乱を招く可能性が高いので区別したほうが良い。
ミストシステム（ミスティングシステム）	英語表記のMist systemそのままで、霧吹きを自動で行ってくれる装置のこと。以前は海外メーカーのものだったり、逆浸透膜を用いて不純物を濾過する際に使う加圧ポンプなどを流用し、熱心な愛好家が自作をしていたりしたが、近年は国内のメーカーから発売され始めている。管理ケース数が多い人・不在が多い人・霧吹きの回数を増やしたい人などには重宝するだろう。
ロカリティ	英語のlocalityがそのまま使われている形で、意味としてもそのまま「産地」という意味でしばしば使われる。モリアオガエルやアカメアマガエルなど、産地によって特徴が出る種類も多く、同じカエルでも産地ごとに分けて飼育したい人も多いため、ロカリティがはっきりした個体は貴重でありしっかりラベリング（表記）をしておきたい。

迎え入れと
飼育セッティング

—— from pick-up to keeding settings ——

Chapter1を読んだうえで、それでもまだ
「樹上棲カエルの飼育に挑戦してみたい！」というやる気に
満ちている人は、ここからいよいよ飼育設備を整え、
好きな個体を探すことになります。
環境作りも個体選びも焦らず慎重に！

01 迎え入れと持ち帰りかた

季節（5〜8月頃）になるとニホンアマガエルやシュレーゲルアオガエル、そして、外国産であればイエアメガエルなどはホームセンターや大型熱帯魚店（量販店）などでも見かける機会が増えるかもしれないが、その他の種類は基本的に爬虫類・両生類ショップ（専門店）での購入となるだろう。ただ、分野としてツリーフロッグはやや特殊なため、専門店の中でも幅広い種類の取り扱いがある店は限られてくる。逆に言えば、常時それなりの種類数を扱っている店は普段からツリーフロッグの取り扱いに慣れている場合が多く、質問をぶつけても明快な回答が返ってくると思うので、導入時も不安は少ないと言える。専門店はとっつきにくいイメージもあるかもしれないが、初挑戦の人や不安なことが多い人ほど、できるだけ専門店に出向いての購入をお勧めしたい。知ったかぶりをするようなことはせず、わからないことを率直に質問してみよう。

近年は爬虫類即売イベントも多く開催されているのでそこでの購入も悪くないが、どちらにしても取り扱うブース（店）は限られてくるうえに、開催時期によっては移動や展示時のリスクを考慮して両生類全般の出品を控える店も多い。また、イベント開催中はどの店も忙しいことが多く、質問する側も遠慮がちになってしまうかもしれないことを考えると、店舗へ行ってじっくり購入することがより確実であろう。

インターネットや電話を利用した通販も2023年2月現在、両生類に関しては規制はないので、近くにお店がない場合などは利用したいところであるが、真夏と真冬に関して大きなリスクがある。オープン間もない店など、通販の出荷経験の浅い店も少なくないので、これも取り扱い（地方発送）に慣れている経験豊富なショップを選びたいところだ。購入先の店舗から翌日の午前中に到着しない地域にお住まいの場合は、真夏や真冬はできるだけ避けるなど各自で"自衛"もしよう。

持ち帰りに関しては、慣れているショップでの購入であればお店に任せておけば問題ないと言える。しかし、個々の移動手段や道中の気温までは店側も把握していないので、たとえば真夏で徒歩や自転車移動の時間が長い場合などは、自前で保冷バッグと保冷剤を持っていくなどの工夫をしたい。保冷剤が家にない場合は、途中のコンビニエンスストアなどで凍らせた飲み物を

購入してそれを保冷剤代わりにするのも良い。逆に冬場は使い捨てカイロなどを利用するのが一般的で、これはたいていの爬虫類ショップであれば常備してあると思うが、不安な人は購入前に確認するか、各自で持参すると良いだろう。ただし、カイロは発熱の具合によってはカエルにとって熱すぎる場合もあるので、貼る場所（入れる場所）に十分注意し、自信がない場合は店側に任せる形にすると良いだろう。

イエアメガエル。ツリーフロッグの仲間では見かける機会の多いカエル

02 飼育ケースの準備

飼育環境にシビアなツリーフロッグだが、実は意外なほどにシンプルな形でも飼育は十分可能だったりする。そして、植物をしっかり植え込むいわゆる「ビバリウム」のような形でも飼育が楽しめる。まずはシンプルな形での飼育スタイルを解説していきたい。

必要最低限の器具は、

□通気性があり隙間なく蓋ができるケース（フラットタイプのものはNG）
□床材
□温度計
□保温器具
□浅めの水入れ
□流木やコルク樹皮など

これらがあればひとまずほとんどの種類は飼育開始可能であり、使用方法はセッティング例のイラストをご覧頂きたい。

ケージ選びであるが、樹上棲のカエルを飼育するというと「背の高いケージを使う」ということを第1に考えると思う。たしかにそれは間違えているわけではなく、もちろんフラットタイプ（背の低いタイプ）のケージではさすがにかわいそうである。しかし、極端な例だが幅10×奥行き10×高さ50cmのような異様に縦長のケージ（四角い

柱のような形のケージ）が良いか？　と聞かれた場合、YesかNoかで答えるならNoである。

たとえば、アカメアマガエルの成体5匹を飼育するとして、幅30×奥行き30×高さ45cmというサイズと60×30×36cm（高さ）という60cm標準型サイズのケージどちらかを用意できる（置ける）としよう。どちらを選ぶかと聞かれると、ほとんどの人は前者を選ぶと思う。しかし、筆者としてはどちらでも良いと思う。後者は横長というイメージを持たれてしまうが、高さは36cmあり、中〜小型のツリーフロッグを対象とした場合は十分な高さだと言える。また、よくあるケージの形として30cmキューブ型（幅30×奥行き30×高さ30cm）のケージでの飼育を勧める人は比較的多いが、なぜか先ほど書いた60cm標準型ケージ（高さ36cm）での飼育を推奨する人は少ない。これは人間の目の錯覚というか視野の狭さによるものであろう。もちろん、横幅60cmが大きすぎるという根本的問題もあるかもしれないが、「横長＝不向き」という固定概念は取り払ってほしい。

ケージ選びにおいて通気性は重要で、今回も要所要所で「蒸れはNG」と表記して

飼育環境例

いる。カエルには湿度が重要と思っている人も多いと思う。もちろん間違いではないのだが、蒸れと保湿は全く意味合いが違う。そのため、一般的な爬虫類用ケージやプラケースなど、通気性の確保されているケージが望ましい。アクリルのパンチング板の蓋でも問題ないが、思った以上にパンチング板は空気の抜けが悪いので、過剰な加湿には注意したい。また、背が高いタイプのアクリルケージを使う場合、パンチングの空気の抜けの悪さが災いしてケージ底部の空気が非常にこもりやすい。アクリルケージのサイドには多少穴が空いていることも

あるが、その穴が足りないのである。もし、背が高いタイプのアクリルケージを使いたい場合は、自身で両サイドに追加の穴空け加工をすると良いだろう。

　床材に関しては各自の飼育スタイルによって決めれば良い。基本線としては"簡易ビバリウム"のようなものを作る形である。ある程度水はけも良くて保湿もできるものとなり、いくつかの選択肢はあるが、爬虫類飼育用ソイル類（保湿が可能なタイプ）や赤玉土（中〜小粒）・鹿沼土・それらのブレンド・セラミックタイプの園芸用土などで、逆に使う人が多い中であまりお

勧めしたくないものは、細かめのヤシガラである。

　ツリーフロッグの飼育においては活昆虫をばら撒きで与える。ツリーフロッグの多くは餌に対して突っ込んでいくようなスタイルで捕食をするため、床材に突進して食べに行ってしまう個体もいて、口に床材が入りやすい。そこで少々乾いた状態の細かいヤシガラだったらどうなるか？　というと、答えは人間が「きな粉」を水なしで口に含んだ状態といえばわかりやすいだろうか。口の中に細かい粒が貼り付き、水分が奪われる。それを嫌だと感じたカエルは口の中の異物を取り出そうと、頭を激しく振ったり地面にもがくようにしたりする。そうするとさらに床材が口の中へ…。それを繰り返すうちに喉に詰まってしまい、最悪の場合、窒息死してしまう。

　このような点から、細かめのヤシガラはあまり推奨していない。では、ソイルや赤玉土なども同じでは？　と言われるかもしれないが、最大の違いは1粒あたりの大きさと比重である。粒が大きければ大量に口の中にまとわりつくことは考えにくい。また、ソイルなどは比重が重いため、乾いて舞い上がったり口の中に舞い込んだりする

のも考えにくい。大きな粒を飲み込んでしまったら、と心配される人も多いが、さすがにそこまで心配してしまうと何もできないし、過去に赤玉土やソイルを多少飲み込んでたいへんなことになったカエルには筆者は出くわしてない。よほど心配であれば、餌は確実にピンセットなどで与える（ピンセットからの給餌に慣れさせる必要がある）などの自衛をすると良いであろう。なお、砂漠の砂のようなものや、その他乾燥系の生き物に使うような床材は不向きなのは言うまでもない。

　あと、その他の用品に関しては各々気に入った製品を選んで使用すれば良い。流木やコルクは好みの形のものをいくつか組み合わせても良いが、複数を組む場合はできればシリコンや結束バンドなどで固定することをお勧めしたい。コルク程度なら軽いので問題ないかもしれないが、大きめの流木が仮に崩れて個体に直撃してしまったら、場合によっては死亡してしまう可能性もあるので、少しでも不安があれば何かしらで固定をしたいところである。

　温度計は気温の目安として設置しておきたいところであるが、湿度計に関してはどちらでも良い。これはあくまでも個人的な

意見であるが、仮に「湿度50〜60％を維持してください」と筆者が指示をしたとして、いったい何人がそれを維持できるか。おそらく筆者も無理である。なぜなら、1日の中で世話ができる時間などは限られていて、それ以外の時間で指示された湿度維持のために加湿や除湿ができるかという話になってくる。ならば、どうやって湿度を判断して調節したら良いのか。パーセンテージに過度にこだわらず「各々の目」でカエルの動きから判断し、霧吹きの量やタイミングを調整すれば良い。床材を見て湿っているか乾いているか？ 壁面の水滴はどのくらいの時間で乾くのか？ そのくらいは自身で世話をしていれば最後にやった時間帯も覚えているだろうから、飼育経験が浅くてもある程度はわかるはずである。それによって霧吹きの量の増減・間隔を空けるか縮めるかを調整すれば良い。たとえば、やけに水入れに入ることが多いなどの行動が見られたら「乾燥気味になっている可能性があるから、霧吹きの量を増やそうか？」といった具合である。後のメンテナンスの項で詳しく解説するが、湿度計を設置するなというわけではないが、湿度計に捉われすぎての過剰なメンテナンスを防ぐ意味でも、目測（観察眼）を大切にしたい。これは温度計にも言え、温度計ばかりを信用しすぎず、生き物の動き（ケージ内でいる場所など）を観察しながら、寒いのか暑いのかを飼育者が察知できるように心がけよう。

葉上のアカメアマガエル

03 ビバリウムでの飼育について

ビバリウムでの飼育というとヤドクガエルの仲間を思い浮かべる人も多いと思うが、もちろんツリーフロッグでも十分可能である。特にクサガエルの仲間や小型のアマガエル、アオガエルの仲間などは生息地をイメージしながら植栽をしたりするのも楽しみの1つである。ただし、10cmに迫るような大型個体を植物で複雑にレイアウトしたビバリウムで飼育するのはやや困難だ。植えた植物はおそらくあっという間に破壊されてしまうからである。大型種は細かい動きができないことが多く、葉に止まりたがるため、一般的なケージに入るような大きさの植物の葉だとカエルの重みに耐えられず折れてしまうだろう。

使用する植物について。カエルが好む環境に飼育環境に合う合わないは大前提であるが、それと同時に頑丈さが求められる。ツリーフロッグは葉の裏などに非常に好んで止まる。葉が大きくて固めのサトイモ科の植物（ポトスやフィロデンドロンの仲間など）はカエルが止まるのに十分な大きさや安定感を持つ種が多いので飼育に向いている。ヤドクガエルなどによく使われるパイナップル科の植物（ネオレゲリアやフリーセアの仲間など）の中〜小型種なども

使いやすい。パイナップル科の植物は流木やコルクに根を這わせて活着する種も多く、移動しやすくなってメンテナンスも楽になるのでうまく利用したい。次項で紹介している炭化コルクへの植栽もできるので、アレンジ次第ではいろいろな楽しみかたができるだろう。

「どんな種類もどうやっても生きた植物はすぐ枯れてしまう！」という人は、近年は人工の植物（フェイクプランツ）も非常に出来の良いものが多く、見ためも悪くないので、それらをうまく使っても良いだろう。ただし「生き物飼育用」として各主要メーカーから販売されているもの以外（100円均一のものや通販で購入するもの）を使う場合は全て完全に自己責任となる。「水に濡らしたら染料が溶け出た」などの例も多いので、使う前に必ず念入りにチェックしてから使うようにしたい。

使う床材は通常の飼育に準じて問題ないが、あまり粗いものだと植物を植え込むことが難しいため、直に植物を植えるのであればソイルや赤玉土・セラミックタイプの園芸用土などを使うようにする。植え込むのが難しかったり、メンテナンスを重視しておきたいようであれば、植木鉢に植えら

れた植物をそのまま植木鉢ごとケージに入れるという方法も悪くないだろう。いずれにしても、あまりに細かい植物で埋め尽くされたようなレイアウトにしてしまうと、特に中～大型種の場合は居場所（止まる場所）がなくなってしまうので、太めの枝状の流木やコルクなどをうまく配置して彼らがいる場所（間隔）を取るイメージでやりたい。

ビバリウム例

フィロデンドロン

フェイクプランツの上のベニモンイロメガエル

04 レイアウト材料の選びかた

どのタイプのセッティングやレイアウトでも、シェルターやその他入れるものについて特別これという決まったものはない。ツリーフロッグにおいて"シェルター＝隠れ家"は基本的に植物の葉や流木の裏側・立てかけたコルクの隙間がそれにあたるので、あえて市販のシェルター（地面に置くタイプ）のようなものを入れる必要はないだろう。植物以外なら流木やコルク樹皮などが一般的だ。それらをうまく組み合わせたりしながらレイアウトをしていくが、入れすぎには注意しよう。細かい動きが苦手

な種も多く、跳ねるように移動することも多い。その時にケージ内がコルクや流木でいっぱいだと、自由に動き回ることができず、ケガの原因になる場合もある。最低限、ケージの半分くらいは自由なスペース（空きスペース）ができるようなイメージで配置すると良いだろう。流木はあまり細くて複雑な枝状の流木は避けたい。小型のネコメガエルの一部などは手で掴みながら細い枝の上をうまく歩き回るかもしれないが、ほとんどの種類において細すぎる枝は止まりづらいだけでなく、パニック時に枝の隙

葉上で休むスイレンクサガエル

流木の上のアカメアマガエル

間に体を挟んでケガをしてしまう危険性がある。カエルの体の太さかやや細いくらいを最低限の細さとして、どちらかというと「木に体を乗っける」ような動きイメージをして選ぶ。流木やコルクにカビなどが生えることを気にする人もいるが、たいていの場合、生き物には何も影響はない。よほどカビだらけにならないかぎりは気にしなくて良いだろう。

「炭化コルク」という、コルクの板を炭化させた商品が生き物飼育にも使われている。今まではヘゴ板というものが一般的だったが、ヘゴの木の保護などの影響で入手困難になりつつある。ヘゴ板は水に濡れると酸化しやすく、茶色い色素やアクを含んだ水を生み出してしまい、やや使いにくい面があるので、どちらにしても炭化コルクはそれらの難点を解決してくれたと言っても良いだろう。これをケージの前面を除いた横の3面（左右と後）に貼り付けることにより、神経質なツリーフロッグも落ちつきやすいという効果がある。穴空けや切り取りなどの加工もしやすく植物も活着しやすいので、楽しみかたも広がるだろう。

ブロメリアで休むウルグルオオクサガエル

炭化コルク

05 保温器具と照明器具

　保温器具に関しては難しいところであり、飼育者各々によってかなり対応が異なる。種類によって好む温度は多少異なるのだが、今回紹介している種類であれば、大まかに言えば18〜28℃の間に収まっていれば大きな間違いはないと言え、そこから2〜3℃前後するぶんには問題ないだろう。

　大別すると、マレーシアやマダガスカルから輸入される種類は低温（18〜25℃前後）を好み、中南米から輸入されるものはやや高めの温度(23〜28℃前後)を好む。アフリカ大陸産や国産はその中間、もしくはどの温度帯でも問題ないといったところだ。

　飼育する部屋を24時間エアコンで管理する場合は問題ない。注意点として、冬場はかなり乾燥するので、霧吹きの回数を増やすなどの対応をすると良い。エアコン管理（20℃以上の設定）をしたうえでさらなる追加の保温は、少なくとも今回紹介する種類についてはまず不要である。

　次にエアコン管理をしない場合だが、まずは室温が最も寒い時間（夜中）に何℃くらいになるかを調べてほしい。涼しい環境を好み低温にはかなり耐性のあるカエルがほとんどなので、室温が15℃前後を下回らないようであれば保温器具は不要なことも

多く、通年無加温（夏場の暑さ対策のみ）で飼育できる可能性も十分にある。ジャイアントネコメガエルやバイランティネコメガエルなど南米に生息するやや高温を好む種は、15℃前後では活動気温としては低いので多少の加温が必要となるが、その他多くの種類はこれを基準に考え、ケージサイズなどに応じて保温器具を用意することとなる。

　関東近辺、もしくはそれ以南であれば、基本的には真冬でもパネルヒーターで十分対応できることが多い。1枚ではあまりにも温度が上がらないようであれば2枚を使う形にするが、いずれも背面や側面へ貼り付ける形が良いだろう。底面だと床材が邪魔をしてツリーフロッグの活動空間であるケージ上部まで暖まらない可能性がある。背面や側面であれば、ケージ内が全体的に寒かったとしてもカエルが自らヒーターの近くに来て暖を取ってくれるだろう。

　よほど寒い場合は「暖突」やセラミックヒータータイプのものなどやや強めの保温器具を使う必要があるが、その場合は必ずケージ内の温度と乾き具合を確認しながら設置するようにしたい。全てのカエルは暑すぎて蒸れてしまうとあっという間に調子

を崩し、下手をしたら即死というケースも十分に考えられる。多少の寒さであればすぐに死んでしまうことは考えにくいので、「少し保温が弱いかな？」という程度からスタートして、もし本当に足りなければ追加する、もしくはひと回り大きなものを使うようにしたい。その他バスキングランプや夜間用保温球などのランプ系保温器具もあるがカエル飼育には熱量が強すぎるものが多く、局所的に高温になりすぎる傾向にある。霧吹きを必須とするカエルの飼育においては、点灯時に水滴が付くと破裂する危険性があるため、いずれにしても不向きな保温器具であることは間違いないので使わないほうが無難だろう。

照明器具に関しては、近年はツリーフロッグを中心として、カエルにも紫外線を当てるべきだという論調になっている。特にソバージュネコメガエルやジャイアントネコメガエルの幼体を育成する時、また、その他の種の幼体の育成においても紫外線ライトを使用した場合のほうが良い結果が出ている傾向にあるため、可能なかぎり紫外線ライトは設置したいところである。筆者の一般飼育者時代（15〜16年前からそれ以前）はカエルには「紫外線は不要」と言われて

いて、たしかにそれでも十分飼育できた（と思っている）。今思えば当てたほうがさらに良かったのかな？　と思い返す部分もある。今回紹介している種類ではないが、チャコガエル（*Chacophrys pierottii*）に関しては、オタマジャクシに紫外線を当てないと上陸個体の奇形率（背骨が変形したカエルの出現率）が非常に高くなるデータが出ている。そういう意味でもカエル全般、紫外線を照射することに損はないと考える。もちろん、メタルハライドライトやハイパワーの紫外線蛍光管など強い紫外線の出るものは逆効果になりかねないので、各メーカーから出ている蛍光灯タイプのものや、近年販売されているLEDタイプのもので、中〜弱程度の紫外線が出るものを選べば良い。注意点としては、蛍光灯はそれなりの放熱がある。蛍光灯を当てたためにケージ内が高温になってカエルが調子を崩してしまったら元も子もないので、紫外線ライトに限らず照明器具を使う場合はケージ内の気温の上昇には注意しながら使いたい。そういう意味では、放熱量も少ないLEDタイプのものは高温を嫌うカエルの仲間にはうってつけの器材であるため、今後のさらなる開発に期待をしたいところである。

Chapter 3

日常の世話

—— e v e r y d a y   c a r e s ——

ここからは日々のメンテナンス（世話）の話です。
生き物の飼育に餌やりや掃除などのメンテナンスは必須であり、
それはカエル飼育にもあてはまります。
趣味は手間暇を楽しむものだと昔から言われているように、
日々の世話を楽しく思える人こそ真の飼育者であり趣味人です。

01 餌の種類と給餌

Chapter1の「分類と生態」(p.8)でも解説したとおり、カエルのほとんどは肉食(昆虫食)であり、特に今回紹介するツリーフロッグは100%肉食と言っても良い。基本的に野生下では口に入るサイズの昆虫や節足動物などを食べていることが多く、飼育下での餌はそれに準ずるものを与える。

専門店などで購入することのできるツリーフロッグに使える(好む)餌を大まかに挙げると、コオロギ・レッドローチ・ハニーワーム(成虫の蛾を含む)・ショウジョウバエなどである。コオロギやレッドローチはさまざまなショップで各サイズが販売されているので、飼育個体に合ったサイズを購入すると良いだろう。サイズの選びかたとしてはカエルの口の横幅弱のサイズ(もしくはそれよりさらに少し小さいサイズ)が適している。あまりに小さいものはツリーフロッグの場合は反応が悪いのと、ヒキガエルやヤドクガエルのように舌を鞭のように使って食べるカエルではなく、かぶりつくように食べるスタイルなのであまりに小さいと不向きと言える。ちょうど良いサイズを選びたい。

ハニーワームは種類によって反応が異なる。地上棲のカエルやヤモリなどは反応が良いのだが、樹上棲のカエルなどは意外と反応が悪い種類も多いので、与えて様子を見てみたいところである。もし食べなければ、自身が嫌でなければそのまま幼虫を育てて成虫の蛾(ハチノスツヅリガ)にしてしまって与えるのも良いだろう。

話はやや脱線するが、木の上を主な生活圏にしている生き物、しかも夜行性の種類にとって、空中を飛び回る蛾やハエなどは自然下でも主食の1つとしている。われわれの身近な例を挙げるとすれば、田舎道にぽつんとある自動販売機やコンビニを思い出してほしい。夏場にその周囲に集まる蛾を求めてアマガエルなどが集まる光景を目にしたことがある人も多いだろう。故に、飛び回る生き物への反応はひと味違う場合が多く、コオロギやゴキブリに全く興味を示さないWCのツリーフロッグが、捕まえてきたシジミチョウやセセリチョウに大反応することは多々ある。また釣具屋で釣り餌の「サシ(キンバエの仲間の幼虫)を買ってきてそれを成虫にして与えることも餌付け手段の一つとして昔から有効とされている。CB個体などは餌付けの心配などは少ないが、WC(野生下捕獲個体)の多いツリーフロッグの飼育を始める場合は、この

へんの手段も頭に入れておこう。

　給餌間隔は種類やそのサイズにもよるが、成体に近い個体であればどれも2〜3日に1回程度の給餌で十分である。いずれも1匹あたりに与える量としては、身体に対してちょうど良いサイズの活昆虫だとすれば5〜10匹程度食べていれば生活する分には十分すぎるほどである（3〜5匹程度でも問題ないことが多い）。他の生き物の飼育同様に、できるだけケージ内に餌を残さず食べ残した活昆虫は取り出すようにしたい。特にコオロギは強い顎を持っていてカエルを齧る危険性があるので長時間入れたままにしておくのは避けよう。

　給餌は基本的にケージ内へのばら撒きで行うが、慣れると個体によってはピンセットから食べてくれるようになる。夜間に活動している時、ピンセットでそっと目の前（目の焦点が合うであろう位置）に差し出してかるくアクションをつけてみれば飛びついて食べてくれるかもしれないのでトライしてみても良いだろう。イエアメガエルやニホンアマガエル・ミルキーツリーフロッグ・ソバージュネコメガエルなどはすんなりとピンセットからの給餌を受け入れてくれることが多い。逆に、ジャイアントネコメガエルやアカメアマガエルのWC個体・アオガエルの仲間全般などはかなり苦戦することが多いだろう。

餌用に市販されているイエコオロギ

後肢を取り除いたフタホシコオロギ

02 メンテナンス

　カエルの仲間でも、特に今回紹介している樹上棲種の飼育においては、人間が干渉することをできるだけ少なくしたい生き物であり、メンテナンスも最小限に留めたいところだ。日々やることと言えば、給餌・目立つ糞を取り除く・霧吹き・水入れの水換え・ケージ壁面の掃除、このくらいであろう。

　給餌は前項のとおりで、糞を取り除くのは気がつき次第、床材と一緒に摘んで捨てる。もし小型種で糞が目立たない場合は、床材の全交換のみで対応する形で良いだろう。霧吹きに関しては飼育する種類や自身の部屋の環境・ケージの通気性によって異なる。特にケージの通気性によって行う回数は差をつけるべきであり、やや保湿力のあるケージなのに何度も霧吹きをしてしまうと、常に高湿度の蒸れた状態になりかねない。逆に、通気性の良いケージを使っていて1日に3回も4回もやったところで壁面の水滴は次の日には蒸発してしまうというのであれば、その回数でも問題ない。自身がケージの中を見て乾いているかどうかを判断しつつ行うようにしたい。あとは種類によってやや乾き気味の環境を好む種類と多湿気味を好む種類がいるので、個々の種

別解説ページを参考にして頂きたい。

　水入れの水換えは大切な作業で、毎日でも行うべきだ。ツリーフロッグを観察していると、特に夜間の活動時間に頻繁に水に浸かる姿を見かけると思う。そこで保湿(保水)を行うが、カエルは全て皮膚や総排泄口から多くの水分を摂取するため、その水が汚れた水であれば、汚れ(アンモニアなどの毒素)も一緒に体内に取り込んでしまうことになる。それがいわゆる「自家中毒」というもので、要は「自爆(自滅)」である。それを防ぐ意味でも、水入れの水は常に新しく新鮮なものにしておきたい。特に複数飼育している場合は大きめの水入れをできれば複数用意し、必ず頻繁に水換えをする。

　最後にケージ壁面の掃除であるが、これはあまり重要視している人が少ないかもしれないが、水入れの水換え並みに大切とも言える。ツリーフロッグの多くはどうしてもケージの壁面に止まることが多い。故に、どうしてもその時に脱皮も一緒に行うことも多く、壁面に脱皮した皮が少し付着していることがある(ほとんどは食べてしまうが)。脱皮をしなくても皮膚からは粘膜が出ているので、その粘膜が多少なりとも壁面に付着する。それらを放置していると雑

菌が殖えてしまい、その壁面にまたカエルが止まると、皮膚に菌が付き、場合によってはそれが感染症の原因となってしまう場合もある。腹側や足の裏側に炎症が見られやすいのはそのためではないかと考えている。そのため、濡らしたティッシュやキッチンペーパーなどで定期的に壁面を拭き掃除して清潔に保つことを心がけたい。日々かなりの水量を霧吹きしている、もしくはミストシステムなどで自動噴霧しているようであれば汚れも付きにくいが、それでも大型種などの場合はある程度拭き掃除するようにしよう。

マレーシアなどに分布するレインワードトビガエル

マダガスカルから輸入されてくるイロメガエルの仲間（ベニモンイロメガエル）

やや高温を好むバイランティネコメガエル

大型のカエルを飼育している場合は、まめな掃除が大切

03 健康チェックと トラブルなど

　メンテナンスをしながら日々観察していれば、個体の異常（病気や怪我など）に気づくのも早くなり、大事に至る前に対処できるかもしれない。カエル全般非常にデリケートであり、異常が出てから数日、下手をしたら1〜2日で死亡してしまう例も非常に多いので、できるだけ早い段階で対処できるようにする。ここではいくつか例を挙げて解説する。

1　皮膚の異常（赤いただれ・溶解など）
2　外傷
3　体全体が異常に膨らむ
4　食欲不振

　カエルの飼育において、1の皮膚トラブルは切っても切れない存在であると言える。鱗のない生物であり、ダイレクトで皮膚がダメージを負ってしまうため、ちょっとしたことでも皮膚に異常が出る。よく見られるのは皮膚が赤くただれたようになる症状で、これは細菌性感染症の場合が多い。WCのアカメアマガエルやジャイアントネコメガエルなどで輸入直後のWC個体にしばしば見られ、輸送中に発症するというよりは、おそらく現地でのストック中に菌を拾ってしまうケースが多いのだと推測する。また、先のメンテナンスの項でも解説

したが、壁面や水入れが不衛生だとそこで菌を拾う可能性も高い。特に古いプラケースは細かい傷が付いている場合が多く、その傷の中に菌が溜まりやすい。発見が早ければ民間療法（熱帯魚用の薬品など）で治る可能性もあるが、多少進行してしまうと手遅れになってしまうのと同時に、同居するカエルがいたら全個体に蔓延してしまう可能性もあるため、治療というよりはそうならないようにするための日々の予防が大切となる。万が一それらしい症状のカエルが出てしまったら、まずはその個体を隔離する（もしくは他のカエルを新しいケージに移す）・発症したケージを掃除した手やピンセットでその他のケージを触らないようにする・発症したケージのメンテナンスは他のメンテナンスが全て終わった後（1番最後）にするなど、菌が他に拡散しないよう予め対処したい。

　2の外傷は飛び跳ねることの多い種類が、鼻先をぶつけてしまうことによって傷を負ってしまう例が多い。また、輸入する過程において容器の中で鼻や頭頂部を擦ってしまい皮膚が剥けてしまうこともよく見られる。後者は飼育者ではどうにもならないので、自信のない人はそれらを購入するこ

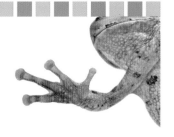

とは避ければ良いだろう。もし飼育中の個体がどうしても鼻をぶつけてしまうようであれば、ケージ全体を紙などで被い目隠しをするような具合にして落ち着かせたり、造花などでも良いのでガラス面をできるだけ内側から覆ってカエルに外を見せないことで多少解決することもある。傷はよほどの大怪我でなければ基本的に放置していれば脱皮を繰り返して自然治癒する。ケージ内を多少乾き気味にしておくと治りも早いだろう。低刺激性の軟膏を使用する方法もあるが、これはあくまでも民間療法であり、詳細は避ける。詳しくは専門店などに尋ねてほしい。

　3は飼育中に稀に見られる症状であり、水風船のように身体（特に下腹部）が膨らんでくる病気である場合が多い。特に初期段階は単純に太りすぎの個体との判別が難しいところであるが、少しずつ進行していくと皮膚が透けてしまうほど大きく膨らみ、治らない場合は最終的には餌も食べれず死に至る。この症状に関しては未だに謎が多く、原因と治療方法も確たるものはわかっていない。水入れなどの水質の悪化が原因かとも思ったが、それもどうやら大きな要因とはなっていない。可能性として

は、飼育下での栄養バランスの悪化（微量元素の不足）などからくる内臓障害や代謝障害などが原因ではないかと考えるが、確実なことは言えないのでこの場では注意喚起のみで失礼したい。

　4の食欲不振は、単にカエルの具合が悪いと考えられがちだが、その他にもいくつか原因が考えられる。カエルの具合が悪いということも考えられるのだが、他の要因を挙げるとすれば「休眠・冬眠時期」「食べるペースの問題」などがある。特に休眠・冬眠時期は爬虫類飼育においてはだいぶ周知されているが、カエルを飼育する中で考える人はまだ少ない。しかし、カエルにもそのような習性がある種類はたくさんいて、主に四季や極端な雨季乾季のある国が原産の種類はその傾向がある。特にアフリカのクサガエルの仲間は乾季なると土に潜って乾燥から身を守る習性を持つ種類も多く、その間は餌をほしがらないし、食べなくても痩せない。ソバージュネコメガエルなども同様の習性を持つ。それを知らずに餌を食べないからとあれこれ環境をいじくったり無駄に病院に連れて行ってしまうと逆効果になりかねないので、飼育する際は必ず頭に入れて頂きたい。また、「食べ

るペース」というのは、特にツリーフロッグは餌を1匹食べると、完全に喉の奥まで飲み込むまでけっこう時間がかかる。それを知らずに、1つ食べてすぐに次を与えて食べないと「食欲不振！」と勘違いする人も多い。人間でいうならそれは「わんこそば早食い競争」をさせられているのと同じことなので、特にやや大きめの餌を与える場合は、1匹食べたら1〜2分置いてから次を与えてみてほしい。

　以上、よくある事例を4つ紹介したが、いずれの場合も、筆者は医師免許を持っていないため詳しい治療方法（薬品名や使用

方法）などは記載することができない。万が一上記のような症状が見られたら、まずは購入したショップに相談して対処方法を聞くことがベストである。もしショップでどうにもならないような症状であると判断すれば病院などを紹介してくれるであろうし、民間療法や日々のメンテナンスで対処できるようであればその旨を伝えてくれるはずだ。ただ、そうならないためにも日々生体や飼育環境を観察し、体や動きに異常がないか、餌を食べているか、飼育環境が知らず知らずに変わっていないかなどを確認するようにしよう。

CBのカエルは青い？

　ショップなどで、イエアメガエル"ブルー"やベトナムオオアオガエル"ブルー"という表記を見たことがある人も多いだろう。たしかにそのカエルは、ノーマル個体よりも青みが強かったりする。では、その青は遺伝を利用して色を固定したりするものなのか？と問われると、答えはNOである。たしかに昔はブルータイプのイエアメガエルが存在したが（青の質が違う）、近年その姿は全くと言えるほど見かけなくなった。一方で、近年は上記2種以外でも、アオガエルの仲間など緑色の体色を持つ種類において、野生個体よりも青っぽい個体が販売されることが多くなった。それはほとんどの場合がCB個体だったり、オタマジャクシや卵から育成した個体である。そしてこれはカエル以外にも言えることであり、例としてはアオカナヘビ（*Takydromus smaragdinus*）やミドリガストロカナヘビ（*Gastropholis prasina*）など飼育下での繁殖例が多い緑色のカナヘビ類にも多く見られる。

　これは昔から熱心な愛好家が不思議に思っていたことであり、野生下と飼育下の違いとして紫外線の不足などさまざまな要因を考えて実験をしてみたが、結局どれもあてはまらなかった。しかし、近年、それが解明されつつある。結論としては、βカロテンやルテインの不足が「青いカエル」を作り出している要因の1つであることがわかった。βカロテンやルテインは多くのカエル（両生類）が持つ色素の1つであり、それらをカエルの幼体に上陸直後から餌昆虫に添加（付着）させて与えた実験をした結果、ルテインを添加したほうは黄緑色、βカロテンを添加した餌では黄色みが少ない緑色となり、青いカエルは現れなかった。

　ただ、飼育においてそれらを含む爬虫類・両生類用の添加剤というものはないので、それではどうしたらいいのか？　という問題になるが、方法としてはそれらの成分を多く含む野菜などを餌昆虫に摂らせて、それをカエルに与えるという形になるだろう。

　育成の途中からでも効果があるのか、途中で添加を止めても色はそのままなのかなどまだまだ不明な点も多いが、青いカエルの不思議は解明されつつあると言える。

樹上棲カエルの繁殖

―― breeding of Tree Frogs ――

飼育下における繁殖。それは飼育者の大きな楽しみの1つであり、
それと同時に飼育技術の賜物だと言えます。
近年は爬虫類両生類の飼育下での繁殖例も
非常に多く聞かれるようになりました。
しかし! 樹上棲カエルの繁殖はひと筋縄ではいきません。
飼育する前から繁殖を考えている人は考えを改めてください。

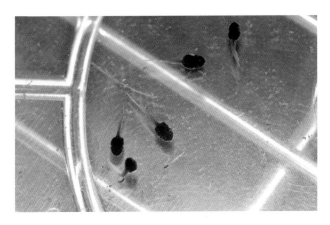

01 繁殖について

爬虫類・両生類・魚類・甲殻類などいずれの分野でも、近年は繁殖を目指して生き物を飼育する愛好家が多いように感じる。野生個体が全般的に減少しているなか、愛好家が繁殖させた繁殖個体（CB個体）の出回る数が増れば良いことだと考える。

しかし、先にも述べたようにツリーフロッグ、というよりもカエルの繁殖は誰でもやすやすとできるものではない。極端に言ってしまえば「完全自然繁殖は困難な種類がほとんど」だと言っても言いすぎではない。飼育を開始する前から繁殖を考える人もいるが、言ってしまえばそれは大きな間違いであり、まず1年通じてその種類をしっかり飼育ができてから話を始めてほしい。また、ツリーフロッグを中心とするカエルの多くは、特に外見での確実な雌雄判

別が困難な種類が多い。近年は爬虫類を中心に「ペア販売」が多く見られ、顧客も雌雄を指定しての購入が当たり前のような風潮になりつつあるのだが、特にツリーフロッグを購入する場合に「ペアで」と注文するのは間違いであると言える。色柄で雌雄差が出る種類もあるが、多くの種類ではサイズ差（メスのほうが大きい）などで何となく雌雄を判断することになるので、基本的には多数を購入してペアを「当てる」ことが正しい形である。繁殖経験があるなどの「確実なペア」が販売されていたとしたら、それは貴重な存在だと言えるだろう。

先にも書いたように、繁殖を目指すことは悪くない（むしろ良いこと）。ただし、そう簡単に繁殖させられる生き物ではなく、「繁殖＝飼育がうまくできたことに対するご褒美」といった具合に考えたうえで、飼育、そして、繁殖へトライして頂きたい。

なお、ここで断っておきたいことがある。種別解説の部分にも少し記載したが、イエアメガエル・クツワアメガエル・ベトナムアオガエル・ジャイアントネコメガエルなどのCB個体が市場に多く見られるものの、まず前者3種は胎盤性生殖腺刺激ホルモンを注射することによる繁殖個体である。そ

れらの飼育下での完全自然繁殖例は、少なくとも日本では聞いたことがなく、海外ですらもほぼないと考える。ジャイアントネコメガエルに関しては海外での事例は聞かれたがそれも完全自然繁殖かは不明。そして、日本国内にてCB個体と称して流通する個体の多くはペルー現地で仔ガエルを採集しただけの「CB風なWC個体」がほとんどだと言える。それらが別に生き物として悪いというわけではないので、その点は誤解しないでほしい。

それほど飼育下での完全自然繁殖の事例は少なく、繁殖方法と言えるほどの確たるデータも存在しない。そうなると繁殖の項目が成り立たないのだが、近年の愛好家の手腕はすばらしく、筆者の周りの熱意ある愛好家がさまざまな種の繁殖に成功している。今回はそのすばらしい功績を、貴重な写真と共にいくつかご紹介する形で繁殖の項に代えさせて頂きたい。

【アカメアマガエルその1】

繁殖ケースサイズ	幅45×奥行き45×高さ60cmの市販の爬虫類飼育用ケース
繁殖ケース内の飼育個体数	6匹（オス4・メス2と思われる）
考えられる繁殖のポイント	しっかりした雨季と乾季の再現により発情を誘発することで通年繁殖可能。筆者が見たアメリカのブリーダーの例も見ると、極端なほど雨季乾季の差を設けたほうが良いと考える。雨季の再現には霧吹きやミストシステムだけではなく、ジョウロやシャワー・水中ポンプを使用したレインチャンバーなどではげしく降水を再現する必要があるかもしれない。そのため、繁殖ケージには水抜き加工やそれに準ずる工夫は必須となるだろう。

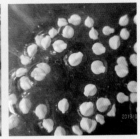

【アカメアマガエルその2】

繁殖ケースサイズ	幅60×奥行き45×高さ60cmの市販の爬虫類飼育用ケース
繁殖ケース内の飼育個体数	7匹（オス3・メス4）
考えられる繁殖のポイント	その1のパターン同様に雨季乾季の再現をし、台風シーズンに台風の通過を狙って雨季を再現。その前の乾季の再現期間は4〜5カ月で、霧吹きを極端に減らして湿度を落とした。雨季モードにするとメス個体は次々と発情スイッチが入り、9〜10月に産卵に至った。台風の通過時は気圧も変化するため、それに触発されてカエルなどが繁殖行動に至ることが多い。経験の浅い人はそのような自然現象をうまく利用することは近道になるかもしれない。

【ヒスイトビガエル】

繁殖ケースサイズ	幅45×奥行き45×高さ90cmの市販の爬虫類飼育用ケース
繁殖ケース内の飼育個体数	5匹（オス5・メス1）
考えられる繁殖のポイント	アカメアマガエルなどと同様で、雨季と乾季のしっかりしたメリハリが最重要ポイントで、乾季の時は湿度だけでなく温度も多少低下させる（5〜7℃前後程度だろうか）。乾季の期間は3〜4カ月で、その後に雨季を再現する時はかなりしっかりした降雨を再現すると雌雄共にスイッチが入り産卵に至る。実際の産卵は12〜1月で、これは原産国のマレーシアでの繁殖期とも重複する。

【ナミシンジュメキガエル】

繁殖ケースサイズ	幅30×奥行き30×高さ45cmの市販の爬虫類飼育用ケージ
繁殖ケース内の飼育個体数	4匹（オス2・メス2と思われる）
考えられる繁殖のポイント	コケガエルなどキガエルの仲間は水への依存度がやや高いこともあり、アクアテラリウムで管理。特に気温や湿度の変化は与えていないが、アクアテラリウムの水の部分に水温の変化を与えることが繁殖の引き金となったと考える（冷たい水での水換え）。これは熱帯魚の繁殖にも通づるものがあり、アクアリウム経験者はイメージしやすいだろう。繁殖時期は冬場に限定される（夏場に同様の変化を与えても繁殖せず）。

【カンムリアマガエル】

繁殖ケースサイズ	幅90×奥行き45×高さ36cmの観賞魚用水槽をカエル飼育用に改造
繁殖ケース内の飼育個体数	3匹（オス2・メス1と思われる）
考えられる繁殖のポイント	雨季・乾季の再現をすることによるものだが、温度変化はほとんど与えず湿度の変化（霧吹きの回数や量の調整）のみで繁殖まで至る。季節は夏のみで、冬場は同様に湿度の変化を与えても繁殖行動を取らなかった。オタマジャクシの管理は親任せで、上陸するまで繁殖したケージで同じ管理（親個体を世話するだけ）を続けた。

【リゲンバッハクサガエル】

繁殖ケースサイズ	幅35×奥行き25×高さ30cmの収納用ケースをカエル飼育用に改造
繁殖ケース内の飼育個体数	2匹（オス1・メス1）
考えられる繁殖のポイント	多くの種同様、雨季乾季の再現をすることによるものだが、乾季を約5カ月とかなり長めに設定。最後の1カ月は気温を15〜20℃に低下させ、気温を上昇させるのと同時に大量の降雨を再現したら繁殖に至った。産卵時期は12月。アフリカのクサガエルの仲間は飼育下でのここまでしっかり"狙った"繁殖例は非常に少ないため貴重な情報となるだろう。

　スペースの都合上、簡単になってしまったが5例を紹介した。繁殖の詳細は専門雑誌などに取り上げられていることもあるので、興味のある人はそれを探してみても良いだろう。また、この他に今回この本で紹介した種類の中で、国内で完全自然繁殖の例がある種を筆者の記憶のかぎりこちらにまとめておく（仔ガエルになったもののみ紹介。オタマジャクシや産卵・排卵までの例は除く）。以下の種は少なくともチャンスはあると思ってもらって良いかもしれない。

　ニホンアマガエル・インバブラアマガエル・ミルキーツリーフロッグ・モトイドク

アマガエル・ケンランフリンジアマガエル・モレレットアカメアマガエル・スパーレルアカメアマガエル・テヅカミコメガエル・メキシコフトアマガエル・アマガエルモドキの仲間3種・モリアオガエル・ベトナムコケガエル・コガタコケガエル・キンメツブハダキガエル・ソバージュネコメガエル・キンスゲクサガエル、このくらいであろうか。もちろん筆者の知らないところでの繁殖例もあるかもしれないので、それはご了承頂きたい。どれも共通して言えるのは、「安定して毎年定期的に繁殖している事例は非常に少ない」という点であり、あくまでも「例があった」というだけの種がほとんどなので、そこを間違えないでほしい。ツリーフロッグの繁殖は「ほぼ不可能」という0.1%のものを、研究と努力によって少しずつパーセンテージを増やす飼育者の努力の賜物だと言えるだろう。

■■ SLS (Spindly Legs Syndrom の略称) の話 ■■■■

　SLS。カエルの繁殖をしている人にとっては考えたくない言葉だと思う。オタマジャクシを育成しいざ上陸という時に、前肢が両方または片方しか出ない、もしくは出た肢が細く踏ん張ることができないなどの症状である。非常に厄介であり、治すことは不可能で、今のところ確実な原因や「こうすれば防げる」というような対処方法もわかっていない。どのカエルのオタマジャクシでも起こることであり、筆者もヤドクガエルなどでさんざん悩まされたうちの1人である。

　過去の経験や情報を総合して傾向を見ていくと、まずオタマジャクシの育成水温や卵管理の水温（気温）を過剰に高くすることはSLS以外の部分も含め良い結果にならないように感じるが、低くしても症状が出る時は出る。水質も極端にひどい水質でなければそれも関係ないと感じる。紫外線が必要という話も出たが、野生下でヤドクガエルのオタマジャクシなどは紫外線に当たることは少ないと考えるが、同様に紫外線の当たらない飼育下でSLSが頻発することも多い。こうなると対処のしようがなく八方塞がり感が否めないが、最近、水中に溶け込むカルシウムなどのミネラル分（微量元素）の量と、オタマジャクシの栄養過多が関係しているという情報が出ている。

　いずれもアクアリウム用の水質調整剤を使用したり、餌の量や種類を変えるなどをすれば個人レベルでも対応できるので、試す価値は十分あるだろう。

Chapter 5

樹上棲カエル図鑑

—— picture book of Tree Frogs ——

世界中に分布するカエルたち。
広いグループなので、さまざまなカテゴリーに分けられますが、
そのうちの1つ、ツリーフロッグと呼ばれる
樹上棲カエルたちを紹介していきます。

ニホンアマガエル（アマガエル）

Hyla japonica

分布	日本（北は北海道から南限は屋久島）・朝鮮半島・中国北東部など
体長	2～4.5cm前後

樹上棲・地上棲の括りに関係なく、トノサマガエル・ニホンヒキガエルなど共に日本を代表するカエル。種小名*japonica*から日本固有種かと思いきや、中国や朝鮮半島などにも分布している。あまりに身近なカエルなため、樹上棲かどうかなど考えたこともない人も多いかもしれないが、樹上棲のカエルの仲間である。主に田んぼや用水路の周辺など比較的人の生活圏の近く（低地）で見られ、山奥に行くほどあまり見られないことが多い。漢字で書くと「雨蛙」となり、そのとおり特に梅雨時期は各所で"大合唱"が開催される。シュレーゲルアオガエルと非常に似ているが、鼻筋に入る茶色の線の有無など、慣れると容易に見分けられるだろう。飼育は容易で、野生採集個体（WC個体）でも餌付きは非常に良く、すぐにピンセットからも捕食してくれるだろう。飼育気温は生息地の気候（気温）の範疇であれば問題ないが、やはり高温と極度の乾燥には注意したい。さまざまな色彩変異個体も知られており、それらの一部（アルビノなど）は飼育下で累代繁殖され、市場に出回ることもあるが、ブルーに関しては非常に不確定要素が大きく、緑に戻ってしまうこともしばしば見られるので注意が必要である。

われわれ日本人には馴染みのあるカエル

変異個体

ブルー（幼体）

変異個体（トランスルーセント）

変異個体（エクリプス）

アルビノ

アルビノ

シナアマガエル

Hyla chinensis

分布	中国東部～南東部・台湾
体長	2～3.5cm前後

ニホンアマガエルの種小名が*japonica*ならばこちらは *chinensis*ということで、中国を代表するアマガエルの仲間。ニホンアマガエルと容姿は非常に似ているが、腿の付け根（内腿）から腹部にかけて黄色の差し色が入ることが最大の特徴。また、ニホンアマガエルほど雌雄で大きさの差はあまりなく、メスはやや大きい程度

である。生息する環境もニホンアマガエルに似るが、本種のほうがやや高地に生息しているため、飼育下では過度な高温や蒸れには注意する必要がある。

ハロウェルアマガエル

Hyla hallowellii

分布	奄美群島（喜界島を北限）・沖縄本島北部
体長	3〜4cm前後

ちょうどニホンアマガエルが分布しない地域に分布する形となる（重複する地域はない）日本固有種。ニホンアマガエルと似ているが、鼻筋の茶色の線はなく、体型も本種のほうが細身で華奢である。沖縄本島では田んぼなどよりも森林を好む傾向が強く、木の上などで生活することが多いため、生息個体数のわりには見つけにくいとされている。飼育もやや気を使う必要があり、ケージは植物などを多めに入れた隠れ家の多いセッティングをして、落ち着かせてあげると良いだろう。餌食いは細めなので、小さめな餌昆虫を使うなどして、導入したらまず確実に捕食させることを最優先とさせたい。

ホエアマガエル
Hyla gratiosa

分布	アメリカ合衆国東部〜南部（メリーランド州・デラウエア州から大西洋岸沿いにフロリダ州を経て西はルイジアナ州まで。内陸はルイジアナ州から北へケンタッキー州まで）
体長	5〜7cm前後

日本語に直すと「吠え雨蛙」ということで、イヌのような吠えかたをイメージする人も多いかもしれないが、個人的な感想ではあまりイヌ感はない。言うならば、「強く鳴くネコ」であろうか。北米南部を代表する中型のアマガエルで、フロリダ近辺の個体群が古くから日本へ多く輸入されていたが、近年は北米種全般の保護の影響から流通は激減している。飼育環境に馴染めば丈夫な種類だが、個体のサイズが大きいわりに安価なため、流通時の扱いがあまり良くなく、皮膚にダメージを負った個体が多く見られそのような個体は非常に弱い。また、蒸れにも弱いため、やや乾燥した環境で過密にならないようにして飼育をスタートさせたい。

アメリカアマガエル
Hyla cinerea

分布	アメリカ合衆国東部〜南部（メリーランド州・デラウエア州から大西洋岸沿いにフロリダ州を経て西はテキサス州まで。内陸はイリノイ州南部・インディアナ州南部・ケンタッキー州南西部まで）
体長	3.5〜6cm前後

その名のとおりアメリカ合衆国を代表するアマガエルで、体側に白い線が入ることと腹部以外は全身がほぼ緑一色であり、日本人がイメージする「The・カエル！」というような種類だろう。ホエアマガエルと生息地は重複するが本種のほうがさらに広範囲に分布しており個体数も多く、現地での馴染みも深いようである。ニホンアマガエルと比べるとやや細身だが長く、全体的に大きめと感じるだろう。非常に強健な種類なので飼育は容易であり、ニホンアマガエルを飼育する設備があれば問題ない。ただ、さすがに日本（本州以北レベル）の真冬の最低気温は不安があるので、保温をするほうが無難である。

ハイイロアマガエル

Hyla versicolor

分布	アメリカ合衆国を東西で分けた東側ほぼ全域と、カナダ（マニトバ州南部・オンタリオ州南部・ケベック州南部）
体長	3〜5.5cm前後

アメリカアマガエル同様、アメリカ合衆国を代表するアマガエルであり、生息域は本種のほうが広範囲に渡る。他のアマガエルよりもやや扁平な体型で、体表の皮膚は肌理がやや粗いイメージである。その名のとおり灰色のベース色を持つが、種小名である*versicolor*の意味する「変色」「複雑な色」は伊達ではなく、緑・灰・白・それらの混合色（迷彩色）など、多岐な変化を見せる。また、シナアマガエル同様に腿の付け根（内腿部分）に差し色を持ち、それは鮮やかなオレンジ色で非常に目を引く。飼育は容易だがホエアマガエル同様、流通時にダメージを受けている個体も多いので、入荷後、少し経過した状態の安定している個体を選びたい。なお、本種の南部の生息地を中心に重複する形でコープハイイロアマガエル（*Hyla chrysoscelis*）が分布するが、外見で種類判別することは不可能であり、自然交雑も十分考えられる。故に上の個体が間違いなくハイイロアマガエル（*Hyla versicolor*）かも不詳であることは了承してほしい。

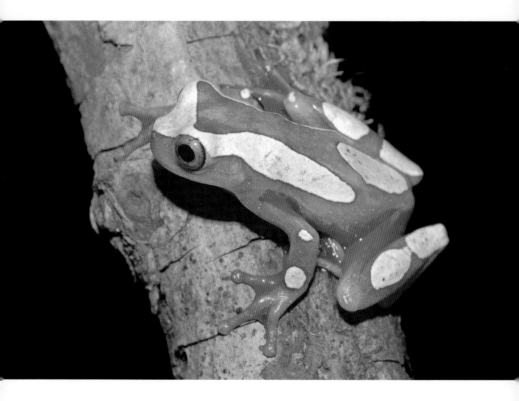

フチドリアマガエル

Dendropsophus leucophyllatus

分布	スリナム・ガイアナ・フレンチギアナ・ブラジル北西部・エクアドル・ペルーなど
体長	2〜3.5cm前後

古くから流通が見られる、南米を代表すると言っても良い小型美麗アマガエル。以前は"ジラフフェイズ"など産地によって柄が異なるとされていたが、近年細分化されてそれらは別種扱いとなり、以前で言うところの"クラウンフェイズ"と呼ばれていた柄の個体が本種となった形である。小型で細身なため弱そうな印象を受けるが、どちらかと言えば強健であり、餌付きも良い。極度の乾燥と低温に注意し、ツリーフロッグの定石どおり飼育すれば長期飼育も十分可能である。主にスリナムからWC個体が輸入されていたが近年はその回数が減少している。

ペルー産

052

マダラアマガエル

Dendropsophus marmoratus

分布	スリナム・ガイアナ・フレンチギアナ・ブラジル・エクアドル・ペルーなど
体長	3〜5cm前後

フチドリアマガエルと並んで非常に古くから流通がある小型アマガエル。本種の特徴は何と言ってもその体表の柄と皮膚の質感であり、森林で樹皮に貼り付いていたら見つけることは困難であろう。その色柄は個体差があり、個体によっては「鳥の糞」に似た配色を持つものもいる。また、本種は腹面の色柄が非常に魅力的であり、白ベースに黒い斑点を持ち、個体によっては腿を中心に大部分がオレンジ色〜黄色に染まる。その配色はヤドクガエル顔負けだが、表と裏でここまで両極端である理由は不詳である。飼育にはやや気を遣う必要があり、食が細い個体も多いので複数飼育時はこまめに確認したい。

腹部

スリナムジャイアントツリーフロッグ（スリナムオオアマガエル）

Boana boans

分布	スリナム・ガイアナ・フレンチギアナ・ベネズエラ・コロンビア・エクアドル・ペルー・ボリビア・ブラジルなど
体長	9〜13cm前後

これがアマガエルの仲間なのか？　と思ってしまうほどの大きさと風貌は、大型のヘラオヤモリの仲間を思わせる雰囲気もあり、一度見たら忘れることはないだろう。南米大陸のアマガエル属では最大種であり、大型のカエルの代表としてジャイアントネコメガエル（後述）があるが、長さだけ見れば本種が群を抜いていると言えるだろう。オオアマガエルの名を持つアマガエルにハイチオオアマガエル（*Osteopilus vastus*）が存在する

が、全くの別種であり、混同してしまわないように"スリナム"の名を付けて呼ぶ場合が多い。飼育に関してはひと筋縄ではいかず、まずは本種の跳躍に耐えうる（激突しない）ほどの広いケージを用意し、脅かさないように落ち着けることが必須である。そうしなければおそらく餌を食べることすらしないだろう（筆者の経験では実際餌付かない個体が多かった）。

ガラガラアマガエル

Hyla crepitans

分布	スリナム・ガイアナ・フレンチギアナ・ベネズエラ・コロンビア・ブラジル南東部など
体長	5〜7cm前後

ふざけて付けた名前のようだが、これは本種の鳴き声に由来し、さらに言えば学名の種小名の*crepitans*がガラガラという鳴き声を表しているため、この流通名（和名）が付けられたと言えるだろう。何とも言えないミントグリーンの体表は非常に上品で美しく、脇腹に入るトラ柄が良いアクセントとなって見栄えのする配色である。以前はスリナムから輸入があると必ずと言って良いほど来ていて、南米大陸北部を代表するカエルの1種という印象だったが、近年ではその流通数は激減しており、見る機会は非常に少なくなった。中型で比較的強い種なので、流通があった場合は寒さと乾燥に注意して飼育にトライしてみたい。

インバブラアマガエル（モザイクアマガエル）

Boana picturata

分布	コロンビア東部の太平洋岸・エクアドル北部〜北西部の太平洋岸
体長	4.5〜7cm前後

古くから存在は知られていたが、分布域が採集・輸出共に困難な国のため、ペット流通は長らく見られなかった中型の美麗アマガエル。一見すると病気でやせ細ってしまたカエルにすら見えるその姿はインパクト大。これが通常の姿であり、いわゆるアマガエルのような丸っこい体型になることはなく、なったとしたらそのほうが大問題であろう。ここ数年ようやくEU圏を中心に繁殖された個体がごくわずかながら流通するようになったが、まだまだその数は多くない。飼育例が少ないので正確なことは言えないが、見ためから感じる印象よりは丈夫な種類であり、基本的な中米の樹上棲種の飼育方法で問題なく、国内繁殖例も見られるようになった。

ブチアマガエル

Boana punctata

分布	チリとアルゼンチン南部・ウルグアイを除いた南米大陸に広く分布
体長	3～4cm前後

前出のフチドリアマガエルと共に、古くからペット流通される南米のカエルを代表する1種。以前は同様にスリナムから多くが輸入されていたが、近年はペルーやガイアナからの個体が多いと言える。透明感のある鮮やかな黄緑色に赤や黄色の斑点が不規則に入るがその色は昼夜（活動時間か否か）で変化し、活動時間の夜間には赤い部分が広がり別なカエルに見えるほどにな

る場合も多々見られる。また、フライシュマンアマガエルモドキ（*Hyalinobatrachium fleischmanni*）に「グミガエル」の座を奪われてしまった感もあるが、言うなれば本種が元祖「グミガエル」であり、腹面から見ると内臓が透けて見える。飼育は難しくはないが、フチドリアマガエルと比べるとややデリケートで臆病な性格なので、植物を多く入れたビバリウムでトライしたい。

ハイチオオアマガエル

Osteopilus vastus

分布	ドミニカ共和国・ハイチ（イスパニョーラ島全域に点々と分布）
体長	8～14cm前後

丸顔でかわいらしく大きな瞳で優しい表情を持つが、その大きさは先のスリナムジャイアントツリーフロッグに引けを取らない大きさを持つ超大型のアマガエル。しかし、本種はやたらと跳ね回ることは少なく餌付きも良い個体が多いので、本種のほうがケージでの飼育適性はあると言えるだろう。色彩も地衣類そっくりな

モスグリーンを表す個体や白みが強い個体・黄色みが強い個体など非常に個体差があり、非常に魅力的な種である。しかし、以前はアメリカからハイチの生き物が多く出回っていたが、ここ数年でその流れはぱったりと途絶えてしまったため、今後入手のチャンスはあまりないかもしれない。

ミルキーツリーフロッグ（ミルキーフロッグ・ジュウジメドクアマガエル）

Trachycephalus resinifictrix

分布	フレンチギアナ・スリナム・ガイアナ・ブラジル・ペルー・エクアドル・ボリビア・コロンビアなど（アマゾンの熱帯雨林地域を中心に分布）
体長	6〜10cm前後

「樹上棲のカエル流通量ベスト5」を作るとすれば間違いなく入るであろう、世界中で非常に人気の高い大型のツリーフロッグ。その人気の要因はやはり幼体期の色であり、白黒のホルスタイン柄はその名前（英名）ともマッチしている。しかし、英名のミルキーフロッグはその柄を指したものではなく、危険を感じると皮下からにじみ出る毒液が乳白色で、それを指したもの（その他のカエルが出す毒液も乳白色なのだが…）。事実、後述のモトイドクアマガエルも"ミルキーフロッグ"

の名を持つ。本種は成体になるとくっきりしたウシ柄はなくなり、黒い部分が薄まって白い部分はカフェオレのようになり、全体的にそれこそ"ミルキー"な感じが出てくる。20年ほど前くらいから流通は活発となったイメージで、近年はEU諸国で繁殖された個体が安定して出回るようになった。丈夫な種類だが幼体期は極度の低温や乾燥に弱いため、特に初挑戦の人は安価で売られる極小の幼体を安易に購入することは避け、2〜3cm程度に育った個体を導入するようにしたい。

幼体

成体

モトイドクアマガエル（コモンミルキーフロッグ）

Trachycephalus typhonius

分布	アルゼンチン南部とチリを除いた南米大陸全土・パナマ・コスタリカ・ニカラグア・グアテマラ・メキシコ中部以南など
体長	7〜12cm前後

口の悪い人に「劣化版ミルキー」言われていた時期もあったドクアマガエルの1種。本種のほうが生息域は広く、それは南米と中米のほぼ全土に渡る。昔はWC個体を中心に定期的に出回っていたが、ミルキーツリーフロッグ（ジュウジメドクアマガエル）のシェア率が広すぎて、本種に目を向ける人が減ったため、流通は非常に少なくなってしまった。本種も同じ"十字目"を持ち、非常に愛嬌がある顔をしている。本種のほうがやや大型になり非常に見応えがあるので、もう少し見直されても良いカエルだと思う。近年の流通形態は、以前同様にWC個体が中心でそれもごく稀に流通する程度であり、CB化はあまり進んでいない。

メキシコ産

幼体

アカボシトタテガエル

Trachycephalus nigromaculatus

分布	ブラジル南東部（リオデジャネイロ付近の沿岸部からブラジリアにかけての内陸部など）
体長	6〜9cm前後

5〜6年前頃から少しずつ流通が見られるようになった、ブラジル固有の大型ツリーフロッグ。後述のヘラクチガエルほどではないが、本種も口が張り出すいわゆる「カスクヘッド（casque-headed）」を持ち、インパクトは大きい。また、大型種は色彩もやや地味な種が多いなか、本種は成体になるにつれ、黒の網目模様が出てきてそこに赤い斑点が不規則に入るという非常に見栄

えのする容姿となる。種小名は*nigro*（黒い）*maculata*（斑点）だが、*rubra*（赤い）*maculata*（斑点）のほうが良いように思うのは筆者だけだろうか。生き物の輸出に非常に制限のある（保護が強い）ブラジル原産ということで野生個体の流通は皆無であるが、EU圏で繁殖された個体が少量ずつ出回っている。生息域も広くないため、もう少し注目されても良い種だと思うのだが…。

ミナミヘラクチガエル

Triprion petasatus

分布	メキシコ（ユカタン半島を中心とする南部）・ベリーズ・グアテマラ・ホンジュラス
体長	5〜7.5cm前後

1度見たら忘れられないであろうそのひょうきんな風貌はインパクト大。本種を含むヘラクチガエルや先のトタテガエルの仲間全般、海外では「casque-headed frog（カスクヘッドフロッグ）」と呼ばれ、やはりその特徴的な頭部の形が名の由来となる。本種は *Triprion* 属だが、他にも同様の顔つきを持った属がある。本種はメキシコを中心に分布しており、通常はEU圏からCB個体が少量ずつ流通するが、稀にメキシコからWC個体も流通が見られる。ある程度大きくなった個体は非常に強健で、多少の乾燥や高温であればビクともしないだろう。逆にあまり多湿で飼育すると調子を崩すことも多いので、樹上棲のヤモリやトカゲを飼育する感覚がちょうど良いかもしれない。

トラフフリンジアマガエル

Cruziohyla calcarifer

分布	コスタリカ・パナマ・コロンビア・エクアドル（いずれも分布域は狭い）
体長	5.5〜8.5cm前後

体の細さのわりに太くガッチリとした四肢、そして、一見普通の緑色のカエルかと思いきや毒々しいまでに派手な虎柄を持つ脇腹は、カエルファンの目を釘付けにするであろう。ペット流通が非常に困難な地域が原産国であるためWC個体の輸入はほぼ皆無であり（少なくともここ20年前後は見られていない）、日本への流通は2010年に筆者が輸入したCB個体が実質表立った初流通だったと言えるかもしれない。アカメアマガエルよりも大型になり、その風貌や仕草はちょうど*Phyllomedusa*

（ネコメガエル属）と*Agalychnis*（アカメアマガエル属）の中間的なイメージである。飼育はそれらの中南米の樹上棲カエルに準じて問題なく、後述するケンランフリンジアマガエルと共に国内でも繁殖例は聞かれる。現在はEU圏からポツンポツンと輸入が見られるが、WC個体の流通が見込めないことも考えると、今後はアカメアマガエルのように国内繁殖個体も定期的に耳にするようになることを期待したい。

ケンランフリンジアマガエル

Cruziohyla craspedopus

分布	エクアドル・コロンビア・ペルー
体長	5.5〜7.5cm前後

トラフフリンジアマガエルから遅れること1年少々後に日本で紹介された、本属最高峰の最美麗種とも言われる南米原産中型ツリーフロッグ。ミントグリーンに白の細かい斑点、そして、鮮やかなオレンジの腹面と四肢は人目を引くのに十分値するが、本種の特徴は何と言っても後肢の"フリンジ"であろう。フリンジは「飾り」のような意味があり、後肢の外側には葉の虫食いを思わせるような"装飾=フリンジ"を持っている。フリンジアマガエル属は全部で3種知られているが、現状そのフリンジらしいものが見られるのは本種だけと言って良く、それが属中最高峰と呼ばれる所以かもしれない。初流通以降、不定期ながらEU圏からの流通が続いており、国内飼育者も増えるのと同時に国内繁殖例も何例か聞かれるようになった。WC個体の流通は見込めず、今後も安定した流通は望めないため、国内繁殖を期待したいところである。

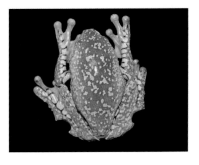

アカメアマガエル

Agalychnis callidryas

分布	パナマ・コスタリカ・ニカラグア・エルサルバドル・ホンジュラス・グアテマラ・ベリーズ・メキシコ南部など
体長	5～7.5cm前後

キング・オブ・ツリーフロッグと言っても過言ではないだろう。いや、カエル全体を見てもその存在感は余りある。ペット流通はもちろん、各所でキャラクターやカエルグッズとしても人気を博している中米原産ツリーフロッグ。赤い目はもちろん、黄緑色の体色と脇腹や肢のブルー、そして、四肢のオレンジ。その配色は作り物としてもできすぎな感があるが、もちろんそれは自然が作り出したもので、人の手は加わっていない（交雑などではない）。故に、飼育希望者は昔から後を絶たないが、目にする機会の多さや価格の手頃さとは裏腹に、飼育についてはそこまで気軽にトライできるかというと疑問符が付く。流通している本種の多くはWC個体で、輸入時の着状態に飼育難易度が左右されるため、中南米のツリーフロッグの飼育に慣れていな

い人であれば輸入後時間の経過した個体、もしくはCB個体を選びたい。逆に言えば、本種のWC個体をある程度しっかり飼育できていれば、他の中南米原産種の飼育にも入りやすいかと思う。ここ20年前後は主にニカラグアからのWC個体が安定して流通しているが、欧米各国のCB個体や国内CB個体も以前よりも多く流通しているため、入手のチャンスは多々あるだろう。また、2006年にはザンティック（白目）やアルビノ（赤目）、そして、メラニスティック（黒化個体）などの色彩変異個体がアメリカのブリーダーから国内に流通している。それらのその後の流通は非常に不安定かつ少量だが稀に見られるため、入手した人はぜひ繁殖（累代）も視野に入れてほしい。

産地や個体間で外見に多少の差異が見られる

ニカラグア産

メキシコ産

ザンティック

アルビノ

パープル

バーガンディ

バブルガム

シャルトリューズ（若い個体）

モレレットアカメアマガエル

Agalychnis moreletii

分布	メキシコ・ベリーズ・グアテマラ・ホンジュラス・エルサルバドル
体長	6〜6.5cm前後

"クロメアマガエル"と呼ぶ人もいるだろうか。明るいグリーンの体色に真っ黒な大きな瞳という、アカメアマガエルとは対照的なほどにシンプルな配色を持つアカメアマガエルの同属別種。2000年代後半から2010年代前半にかけてはWC個体の流通もわずかながら見られたが、近年それは皆無となってしまい、その代わりにEU圏からCB個体がある程度まとまって輸入されるように

なった。飼育に関してはアカメアマガエルに準じて問題なく、CB個体が中心となった今では特筆した癖もない。国内繁殖例も聞かれているので、アカメアマガエルを飼育する延長という感覚でトライしてみて良いだろう。

スパーレルアカメアマガエル

Agalychnis spurrelli

分布	コスタリカ・パナマ・コロンビア・エクアドル
体長	5〜9cm前後（産地によって差があると言われている）

一見するとアカメアマガエルとの違いがなく見えるが、脇腹などに入るブルーはなく、虹彩の色もアカメアマガエルと比べて本種のほうが深く暗めの赤をしており、一目瞭然である。その特徴は成体になるほどに顕著になるだろう。背中の白い斑点の数は個体差が激しく、無班もいれば背中にびっちりと斑点の入る個体もいる。その斑点はアカメアマガエルにも斑点が入る個体もい

るが、本種のほうが1つ1つが大きい傾向が見られる。以前はアカメアマガエルと混同されていたこともあり、飼育などはアカメアマガエルに準じて問題ない。本属の中でも特に大型になる本種のメスは特に見応えがあるだろう。近年ではWC個体の流通は皆無で、EU圏や国内で繁殖された個体が不定期に少量ずつ出回る程度である。

レムールネコメガエル

Agalychnis lemur

分布	コスタリカ・パナマ・コロンビア
体長	3〜5cm前後

以前はネコメガエル属（*Phyllomedusa*）に属していたが、ここ数年で二転三転し、2010年に現在のアカメアマガエル属（*Agalychnis*）に分類された。たしかに、その華奢な見ためや顔つき、生息地などを考えるとアカメアマガエル属のカエルにより近いものを感じる。種小名のlemurはキツネザルを意味し、それを知ったうえで観察していると細長い手足とその動きがそれらしく見え

てくる。手足が細長く同属別種よりも小型ということもあり非常に不安を感じるカエルだが、飼育は他種に準じて問題ない。本種は生息地的にもWC個体の流通は過去にもほぼ見られておらず、CB個体の流通が99％ということもあり、飼育のしにくさはあまり感じないだろう。

ジャイアントネコメガエル
（フタイロネコメガエル）

Phyllomedusa bicolor

分布	スリナム・ガイアナ・ベネズエラ・コロンビア・ペルー・ボリビア北部・ブラジル中部以北など
体長	9〜13cm前後

先のスリナムジャイアントツリーフロッグ（*Boana boans*）と並んで超大型になる、古くから知られている南米大陸を代表するツリーフロッグ。本種のほうが体高があり、そのインパクトは非常に大きい。本種の皮膚毒は強いとされており、現地ではヤドクガエルのように矢じりなどにその毒（粘膜）を塗って狩りに使っていたという話もある。昔から現在に至るまでペットとしての流通が見られ、以前はスリナムから、現在はペルーやガイアナからWC個体の輸入が見られる。しかし、その大きすぎる体とその跳躍力が災いして、昔から到着時に鼻先や目の上などを中心に輸送時に体を負傷してしまう個体が多く、それが原因で感染症を起こして死亡してしまう個体も多い。また、五体満足で到着しても大型の個体はなかなかコオロギなどに餌付かない個体も多く、WCの大型個体の飼育はひと筋縄ではいかな

いだろう。近年はCBやFHという名目で上陸直後と思われる幼体の流通が見られるが、ペルーの輸出者に確認したところ、仔ガエルがたくさん採れる上陸時期に合わせて採集しているだけだと打ち明けられ、いわば小さいだけのWCだということが発覚した。故に、本当のCB個体が出回っているのか疑わしくなったが、実際、幼体のほうが飼育環境への順応性は高く、小さいから不安に感じるかもしれないが大型個体より長期飼育例が見られる。同属他種よりも低温と極度の乾燥を嫌うが、蒸れてしまう環境もよろしくない。いずれにしても飼育はやや困難と言えるので、万全の設備で、生息地の環境を頭に入れ想像しながら飼育に挑んでほしい。飼育下での繁殖例は世界的に見てもほぼないと言えるレベルなので、まずはしっかりと飼うことだけを考えよう。

幼体

ソバージュネコメガエル (ワキシーモンキーツリーフロッグ)

Phyllomedusa sauvagii

分布	パラグアイ・アルゼンチン中部以北・ボリビア・ブラジル南部（グランチャコ地域を中心とした隣接国に分布）
体長	6.5〜9.5cm前後

"樹上棲種のアイドル的存在"とも言うべきだろうか。アカメアマガエルのような特別な色やジャイアントネコメガエルのような特別大きな体を持ち合わせているわけではないのだが、見ためやサルのような四肢の動き・他種にはない特性などから、昔から多くのファンに愛されるネコメガエルの1種。本種の英名にもある"ワキシー"はワックスの意味であり、皮膚からワックス状の分泌物（脂質）が出され、後肢などを使って器用に塗り広げる特性を表したもの。生息域のグランチャコ地域は長めの乾季があり、皮膚を乾燥から守る手段（保湿手段）としてワックスを分泌できるように進化したと言われる。また、他のカエルのような尿素ではなく、爬虫類のような固体に近い「尿酸」を出す数少ないカエルであり、これも皮膚から水分が過剰になくなることを防ぐ手段である（毒素を尿酸として濃縮して出す形である）。以前はパラグアイから多くのWC個体が輸入されていたが、2010年代前半頃にパラグアイが野生動物の輸出を全て止めてしまってからは流通量が劇的に減ってしまった。それと同時に、CB個体の流通も世界的に見ても減ってしまったことから考えると、完全なCB個体は非常に少なく、WCの抱卵個体などを使って産卵・繁殖させた個体がほとんどだったのではないかと推測される。実際国内でも、飼育下での繁殖例はごく稀に聞かれるが、それを1年2年と継続した例はないのが現実である。また、飼育自体は比較的容易とされているが、長期飼育例として見直すと想像以上に少ない。特にCBの幼体から飼育開始した場合、なぜか3〜4cm程度まで成長した段階で死亡してしまう例が非常に多かった。確たる理由は不明だが、1つ挙げるなら本種を「乾燥を好む」と誤解する人が多かったことが大きいと考える。本種は特別「乾燥を好む」わけではなく、「乾燥に耐える能力を持っている」というだけである。昔はわざと乾燥させるために鳥カゴなどでの飼育を推奨されていた時期もあったが、今となっては非常に疑問符が付く。もちろん、通気の悪い過剰な多湿環境はNGだが、生息域の環境を想像して好む環境を見極めながら慎重にトライしたい種である。

バイランティネコメガエル（シロスジネコメガエル）

Phyllomedusa vaillantii

分布	スリナム・ガイアナ・フレンチギアナ・ベネズエラ・コロンビア・エクアドル・ペルー・ボリビア・ブラジルなど
体長	5〜8cm前後

スター選手の多いネコメガエル属の中ではややマニアックでマイナーな存在とも言えるが、分布域は後述のテヅカミネコメガエルと並んで非常に広い。ジャイアントネコメガエルを小さくしたような風貌だが1〜2回り小型で、背中の両サイドに縦に走る白いラインがその名の由来であり特徴でもある。昔から流通量が少ないネコメガエルとされていたが、おそらくそれは本種のデリケートさ（弱さ）が原因だったのではと考える。非常にデリケートで擦れに弱く、まともに輸入されてきても餌付きも

悪く、長期飼育例は非常に少ない。他種よりも温度・湿度共にやや高めを好む傾向があり、特に輸入直後の個体に関しては高温多湿ぎりぎりを攻めた環境作りをしても良いだろう。余談ではあるが、以前まだオタマジャクシが輸入できた時代に南米から透明感のある大きめの赤いオタマジャクシが観賞魚ルートで輸入されてきたことがあるが、上陸させたら本種だった。その色は熱帯魚と言ってもいいほどの鮮やかな赤だったことを今でも鮮明に覚えている。

テヅカミネコメガエル

Phyllomedusa hypochondrialis

アズレアネコメガエル

分布	スリナム・ガイアナ・フレンチギアナ・ベネズエラ・コロンビア・アルゼンチン北部・パラグアイ・ボリビア・ブラジルなど
体長	4〜5cm前後

丸っこい愛らしい顔立ちと流通量の多さで古くから人気の小型ネコメガエル。以前は本種（*Phyllomedusa hypochondrialis hypochondrialis*）と、南方に主な生息域を持つ*Phyllomedusa hypochondrialis azurea*の2亜種から成るとされていたが、近年は*P. hypochonrialis*と*P. azurea*という形で別種とされる意見が強いようである。飼育にやや癖のある種が多いネコメガエル属だが、本種は他種よりは比較的とっつきやすいと言え、小型ケージでも十分飼育可能であり、植物を入れたビバリウムを用意し他のツリーフロッグに準じて飼育すれば問題なく飼育できる場合が多い。ただ、以前は低温にも強いとされていたが、それは昔の流通の中心がパラグアイからの*azurea*種だったためだと推測され、近年ではガイアナ原産の本種（*hypochondrialis*種）個体が流通することがほとんどなため、過度な低温に晒さないほうが無難である。国内繁殖例も聞かれるので、繁殖まで視野に入れてトライしてもおもしろいだろう。

トラアシネコメガエル（トラジマネコメガエル）

Phyllomedusa tomopterna

分布	チリ・アルゼンチン・ウルグアイ・パラグアイを除いた南米大陸中部以北に広く分布
体長	4.5〜6cm前後

一見するとテヅカミネコメガエルと瓜二つだが、本種はその和名のとおり、脇腹のトラ柄が後肢から前肢まで色濃くはっきりと出るのに対し、テヅカミネコメガエルは後肢から脇腹中間で途切れ、その柄も不鮮明である個体も多い。顔つきも本種はやや尖っていて体も全体的に細く角ばっているので、見慣れたら見分けは容易だろう。細身で頼りない印象だがメスは想像以上に大型化し、その姿は予想を覆すという意味でも目を見張るものがある。飼育はテヅカミネコメガエルよりやや神経質な面があるため、よりブッシュとなるよう植物などを多めに入れて落ち着かせる環境を整えたい。

ケショウネコメガエル

Phyllomedusa boliviana

分布	ボリビア・アルゼンチン・ブラジル西部
体長	6〜8cm前後

漢字で表記すると「化粧猫目蛙」。ネコメガエル属ではあるが、猫目とは真逆とも言うべき吸い込まれそうな真っ黒な瞳にオレンジのアイシャドウを引いた（お化粧をした）、何ともお洒落感とかわいらしさが溢れるカエルである。その存在は古くから知られているのだが、本種の原産国が採集・輸出共に困難な地域のためとまった流通は以前からあまり見られず、ここ10年前後はまともな流通すら見られていない。故に飼育・繁殖データはほぼ皆無であるが、ボリビアを主としたグランチャコ地域を中心に生息していることから、ソバージュネコメガエルの飼育に準じのが妥当だと考える。

メキシコフトアマガエル (フトアマガエル)

Pachymedusa dacnicolor（*Agalychnis dacnicolor*）

分布	メキシコ（太平洋側沿岸部を中心に南北には広く分布）
体長	8〜11cm前後

大きな真っ黒の瞳の中に無数の白い小さな斑紋が散らばるそのさまは「小宇宙」という言葉がぴったりではなかろうか。そんな特徴的な瞳を持つメキシコ固有の大型ツリーフロッグで、以前は*Pachymedusa*属に属し1属1種のカエルとされていたが、近年ではアカメアマガエル属（*Agalychnis*）に分類されるという見方が強まっている。幻のカエル的存在であったが、ここ10年前後はEU

圏からのCB個体中心に流通が見られ、稀にメキシコからのWC個体も流通するので見かける機会は増えてきた。非常に強健なカエルで、WC・CB共に飼育しやすいのだが、本種もソバージュネコメガエル同様に「乾燥した環境を好む」と勘違いされてきた節がある。通気性の良いケージを使うのは大前提だが、故意に過剰な乾燥状態を作り出すことは避けたい。

オオトガリハナアマガエル

Sphaenorhynchus lacteus

分布	スリナム・ガイアナ・フレンチギアナ・ベネズエラ・コロンビア・エクアドル・ペルー・ボリビア・ブラジルなど
体長	2.5〜4.5cm前後

ブチアマガエルと並んで南米のグミガエルと言えるカエル。英名はハチェットフェイスツリーフロッグ（Hatchet-faced Treefrog）。ハチェットは斧の意味で、その尖った鼻を表したネーミングである。以前はテヅカミネコメガエルやフチドリアマガエルなどと同様にスリナムから輸入されるカエルの1つとして定期的に輸入が見られたが、近年はそれがなくなりペルーやガイアナから少量ずつの輸入が見られる程度である。見た

め以上に丈夫だが非常に神経質で、ツリーフロッグとは名ばかりにたいていは流木など下に潜んでいる。夜間に多湿にした時は出てくることもあるが、人影を見ると引っ込んでしまうことが多く、捕獲しようとすると恐ろしいほどの速さで跳ね回る。見ため的にもっと人気が出ても良いと思うのだが、この性格の陰気さが災いしているのだろうか。

カンムリアマ ガエル

Triprion spinosus

若い個体

幼体

分布	パナマ・コスタリカ・ホンジュラス・メキシコ南部
体長	6～8cm前後

種小名の*spinosus*（棘や角という意味）の学名は伊達では
ない。頭に角が生えたその姿を初めて写真で見た時は、
当初は合成写真だと思ってしまったほどに衝撃を受け
た。その風貌と大きさ・目の赤っぽさから、どこか不
気味さも感じる中南米の珍種。その特徴は何と言って
も頭頂部付近の角（冠）であり、成熟したオスはメス
よりも発達する傾向にあるが、必ずしも全ての個体に
あてはまるものではない。また、本種の大きな特性と
しては、オタマジャクシに親個体（メス個体）が無精
卵を産み、与えて育てるエッグフィーダーと呼ばれる
習性のカエルである点だ。エッグフィーダーはヤドク

ガエルの仲間には多いが、ツリーフロッグでは非常に
珍しい。近年は不安定ながらも流通は見られ、それは
EU圏からのCB個体が主となっている。そして、近年で
は国内での繁殖例も聞かれるようになり、その1例は今
回紹介したのでぜひご覧頂きたい。見ため・習性・流
通の少なさとまさに珍種という言葉がふさわしいカエ
ルであるが、比較的丈夫で飼育自体はツリーフロッグ
の基本的なスタイルで問題なく飼育可能。やや高めの
気温で通気の良い環境を好むので、その点だけ注意す
れば問題ないだろう。

ウスグロノドツナギガエル（マスクドツリーフロッグ）

Smilisca phaeota

分布	コスタリカ・ホンジュラス・ニカラグア・パナマ・コロンビア・エクアドル
体長	6〜8cm前後

不可解な和名ということもあり、近年では英名のマスクドツリーフロッグ（Masked Treefrog）の名で呼ばれることのほうが多いかもしれない。中米に広く分布する中型ツリーフロッグで、ニホンアマガエルを大きくしたような風貌は丸みがありとても愛らしい。主にニカラグア原産のWC個体が輸入されるが、色彩や柄の個体差が非常にあり、緑色が強いものやほぼ全身褐色のもの・迷彩柄のものなど、一見すると別種が混ざっているかと思ってしまうほどである。とても強健な種で多少の乾燥・多湿共に順応してくれるため、ツリーフロッグ初挑戦の人でも十分飼育可能だろう。

イエアメガエル

Litoria caerulea

分布	オーストラリア・インドネシア・パプアニューギニア
体長	7〜12cm前後

ツノガエルの仲間と並んでカエル全体を代表すると言っても良いほど非常に古くから多くの人に親しまれているスーパーペットフロッグ。その丈夫さと手頃な価格・大きさ・ゆっくりした動きなど、総合点はトップだと言えるだろう。言うなれば、本種がしっかり飼育できなければ他の種の飼育は諦めたほうがいいと言えるかもしれない。本種はメスよりもオスのほうがやや大型化し、本種特有の頭部の肉瘤の盛り上がりは成熟したオスに見られる特徴である。ただ、CB個体に関してはその特徴が出づらい個体も多く、大きさもWC個体ほど（最大サイズ近く）にならない場合も多い。昔からインドネシアからWC個体の流通が多く見られるが、近年ではその数は少しずつ減少している。それに代わるかのように国内や台湾などで繁殖された幼体が安定して出回るようになったので、流通量自体はむしろ増えたかもしれない。また、体表の白い斑点が多く

出る個体を選別交配して作り出した「スノーフレーク」と呼ばれる品種も近年では見る機会が増えた。一方で、青みの強い「ブルー」に関しては疑問符が付き、筆者の意見としては本当の「ブルー」と呼べるイエアメガエルはここ何年も流通しておらず、近年の個体群は全てCB個体特有の青みだと考える（本文中の「CBのカエルが青くなる？」の項参照）。また、余談ではあるが、CB個体の流通は増えたが、いわゆる「完全自然繁殖」によって繁殖された個体は世界的に見ても非常に少ないと考えられ、特に日本国内にて「完全自然繁殖」による個体が流通した例はないと言えるだろう。国内CBと表記されている個体も多いが、99%はツノガエルやトマトガエルなどと同様に胎盤性生殖腺刺激ホルモンを注射することによる繁殖個体だと考えられる。もし飼育下（ケージ内）で完全自然繁殖に成功した場合は非常に貴重な例として取り上げられるだろう。

スノーフレーク

幼体

ブルー

成熟したオス

イエローの名で流通したもの

アザンティックブルーの名で流通したもの

クツワアメ
ガエル

Litoria infrafrenata

分布	オーストラリア・インドネシア・パプアニューギニア
体長	10～13cm前後

イエアメガエルと並んで非常に古くから流通する大型ツリーフロッグで、本種も同様にインドネシアからWC個体が定期的に輸入されている。イエアメガエル同様非常に大型になる種で、長さだけで言えば本種のほうが長くなるだろう。色といい顔といい、"カエルらしいカエル"と言える雰囲気を持ち合わせていて、この大きさということもあり飼育希望者も多い。イエアメガエルと決定的に違うのはその動きであり、跳躍力がすさまじく、特に輸入されたばかりの落ち着かないWC個体はケージに鼻をぶつけてしまう事故が非常に多い。ぶつけて治るだけならまだ良いが、それが原因で餌を食べられなくなったりして死に至ってしまうケースもままある。造花でも良いので、植物や筒状のコルクなど入れて落ち着ける場所をたくさん作り、過剰に干渉せず飼育環境に慣れてもらうことを先決としたい。飼育環境はイエアメガエルに準じる形で、温度・湿度共にやや高めを好むが、順応性は高いので過敏になる必要はないだろう。

サバクアメ
ガエル

Litoria rubella

分布	オーストラリア・インドネシア・パプアニューギニア・東ティモール
体長	2.5～4.5cm前後

アメガエル属（*Litoria*）はイエアメガエル・クツワアメガエルという2強が存在しておりどうしても大型種のイメージが強いと思うが、小型の種類も存在する。しかし、いずれもオーストラリア原産（固有）だったりと、あまりペット流通のない種が多い。そんな中で本種は非常に貴重な存在であり、主な生息域はオーストラリアだが、インドネシアやニューギニア原産の個体が不定期かつ少量ながら流通する。ただ、数は少ないので見る機会は多くはない。丸っこい顔と黒目がちな表情は非常に愛らしく、小型ながら環境への順応性も高く非常に丈夫ということもあり、ペットとしては非常に優秀だと言える。飼育は基本的なツリーフロッグの飼育環境に準じれば問題ないが、イエアメガエルなどよりはやや乾いた環境を好むので、過剰な霧吹きや保湿などは不要である。

フライシュマンアマガエルモドキ

Hyalinobatrachium fleischmanni

分布	メキシコ中部以南から中米大陸を経てコロンビア・エクアドル・ベネズエラ（南米大陸北部）まで
体長	2〜3cm前後

昔から「中米のツリーフロッグの代表と言えばアカメアマガエル」という印象だったが、本種がその流れを大きく変えたと言っても良いだろう。以前は「小さなツリーフロッグの1種」程度の認知度だったが、2010年代中盤、SNSで本種が拡散されて一躍脚光を浴びてから人気は持続している。特徴はその内臓丸見えの透けた体はもちろんだが、愛嬌のある顔も人気の要因だろう。ニカラグア産のWC個体が通年安定して流通しており、近年では入手は難しくない。飼育に関してはその小ささから不安に思う人も多いが想像以上に丈夫な種で、ツリーフロッグの基本的な飼育方法に準じて飼育して問題ない。ただし、小さな活餌昆虫の安定供給は不可欠である。

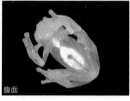

腹面

ヴァレリオ
アマガエルモドキ

Hyalinobatrachium valerioi

分布	コスタリカ・パナマ・コロンビア・エクアドル
体長	2〜3cm前後

アマガエルモドキの仲間では派手で特徴的な柄を持つ。近年は先のフライシュマンアマガエルモドキの認知度が上がったこともあり、本種の存在を知り飼育希望者が多くなりつつある。しかし、本種は他種よりもやや南米寄りが主な原産国となっており、特に主な原産国全てが輸出も採集も困難な国のため、WC個体の流通は見込めない。ここ数年でようやくEU圏を中心にCB個体が少量ずつ出回り、日本にも輸入されているので、それを待つ形となるだろう。また、本種を含めアマガエルモドキの仲間は国内でも繁殖例が多く聞かれるようになったので、今後は国内CB個体にも期待したい。

パルヴェラータ
アマガエルモドキ
（チリキーアマガエルモドキ）

Teratohyla pulverata

分布	ホンジュラス北西部からコロンビア・エクアドル北西部まで
体長	2〜3cm前後

英名は「パウダーグラスフロッグ」。その名のとおり、透明感のあるグリーンの体色に粉雪をまぶしたような白い細かなスポットが入り、非常に上品な印象を受ける。なお、流通名のチリキーは分布国のパナマにある地域名（チリキ県）から取られたものであるが、パナマ産の個体のペット流通はほぼなく、本種もフライシュマンアマガエルモドキ同様にニカラグア産の個体が大多数である。稀にフライシュマンアマガエルモドキの中に混じっていることもあるので、本種を飼育したい人は注意したい。飼育などは他のアマガエルモドキに準じる形で問題ない。

東京都（伊豆大島）産

モリアオガエル

Rhacophorus arboreus

分布	日本（本州と佐渡島）※伊豆大島など人為的な分布地あり
体長	4〜8cm前後

日本を代表する大型美麗ツリーフロッグと言えば間違いなく本種と言って良いだろう。漢字表記の「森青蛙」の名のとおり、ニホンアマガエルや後述のシュレーゲルアオガエルと比べて人里よりもやや森の深い場所に生息し、特に日中は主に樹木の高い場所や土中に身を潜めていることが多い。鳴き声は「カララララッ」と太いながらもやや乾いた感じの非常に特徴的でかなり大きな声であるが、間近に聞こえても日中に姿を見ることは非常に困難だろう。本種はその特徴的な繁殖形態が話題になることが多く、毎年有名な生息地では繁殖時期になると、泡の卵塊がたくさんぶら下がった様子がTVのニュースとして取り上げられることも珍しくない。しかし、そのような繁殖地やその他、池単位や地域単位で「国指定の天然記念物」などとして扱われている場所も多いため、捕獲する場合は下調べをしっかりし、保護地域から外れた場所だとしても過剰な採集は避けたい。模様には地域差が非常に大きく、無地でグリーン一色の個体群から赤い網目模様が背中に激しく入る個体群などさまざまで、それらは少なからず遺伝性を持つことが知られている。丈夫なカエルであるが、やや森の深い場所が主な生息地という点からも過剰な高温と蒸れには弱い。また、採集したばかりの個体は飼育下ですぐに餌付かない個体も多いので、特に導入当初は広めのケージで隠れる場所をしっかり作り、落ち着けるようにしたい。

撮影地：東京都

愛知県産

撮影地：京都府

撮影地：岡山県

繁殖期のモリアオガエル

091

シュレーゲルアオガエル

Rhacophorus schlegelii

分布	日本（本州・四国・九州とその周辺の離島）※対馬を除く
体長	3〜5cm前後

ニホンアマガエルと並んで日本各地に分布する日本を代表するカエル。鮮やかなグリーン一色の個体がほとんどだが、黄色の斑点が出る個体なども見られる。先のモリアオガエルと同属であるがニホンアマガエルと生活圏が重複する場合が多く、さらに本種は日中はほぼ土中（田んぼの縁の泥の中など）に身を潜めていることが多い。観察に出向いて「絶対に半径1m以内で鳴いているのに姿が見えない！」というもやもやを経験した人は少なくないだろう。見ためはニホンアマガエルに似ているが、見慣れれば鼻先の形などで容易に判断できるだろう。問題はモリアオガエルとの見分けである。最大サイズは本種のほうが小さいのだが、「本種の大型のメス」と「無地のモリアオガエルの小ぶりなオス」は非常に酷似しているため、生息が重複する場所では混同してしまう（間違えてしまう）人も多い。見慣れないと瞬時の見分けは困難であるが、決定的な違いを挙げるとすると後肢の水掻きが本種はほぼ発達していないのに対し、モリアオガエルは指も長めで水掻きも発達しているので、それが見分ける最大のポイントだと言える。前肢の水掻きはどちらの種もあるので注意したい。また、虹彩の色が異なるとされ本種が黄色に対しモリアオガエルが赤みが強いとされるのだが、黄色寄りの個体もいるので、虹彩の色だけで判断することは難しいだろう（よほど赤ければモリアオガエルだと決められるが）。飼育はニホンアマガエルなどに準じて問題ないがやや神経質で餌付きが悪い個体もいるので、最初は隠れ家を多めに入れて落ち着ける環境を用意すると良いだろう。

メス

オキナワアオ
ガエル

Rhacophorus viridis viridis

分布	日本（沖縄本島・伊平屋島・久米島）
体長	4〜7cm前後

先のモリアオガエルやシュレーゲルアオガエルが分布しない南方でそれらの枠に入る形となるのが本種。それらと比べると体型がやや扁平で顔（鼻先）もやや長めということもあり、だいぶ細長い印象を受ける。後述のアマミアオガエルは亜種関係となり、腹の色や鳴き声の違いが見られる以外は酷似しているが、生息地が島単位であり重複しないので混同することはないだろう。ペットとしての流通も毎年見られるが、本種は繁殖期に採集されることがほとんどであるためと、非常に神経質な性格であることもあり非常に餌付きが悪い個体が多い。特に繁殖期のオスは交尾行動に集中し

ているためか、餌を食べないまま死んでしまう個体も多々見られる。一旦交尾行動を終わらせたり、温度変化を付けるなどして"繁殖モード"から切り替えてあげる必要があるだろう。そのような意味も含め本種は、あまり飼育が容易な種ではないと考えている。なお、やんばる地域（沖縄県北部の森林地域）が世界遺産に登録されたため、その地域の個体群の採集は控え（2023年現在、国頭村などは自然環境保全のため夜間の車両通行禁止などの措置が取られている）、入手した際はぜひ繁殖を視野に入れて大事に飼育したい。

アマミアオガエル

Rhacophorus viridis amamiensis

分布	日本（奄美大島・加計呂麻島・徳之島）
体長	4.5〜6cm前後

先のオキナワアオガエルの亜種で、オキナワアオガエルが分布しない島々に生息する。本亜種のほうが腹部の黄色みが強く鳴き声もややかわいらしい（シュレーゲルアオガエルに近いような印象）。本亜種もやや神経

質な性格であるが、なぜかこちらほうが飼育下での餌付きは良い傾向にある。ただ、繁殖期の個体は餌を食べない場合も多いので、自身のない人は飼育を避けたほうが良いだろう。

ベトナムオオアオガエル

Rhacophorus maximus

分布	中国南西部・ネパール・ベトナム北部・タイ北部など
体長	8～12cm前後

アジア圏最大級の大型ツリーフロッグで、種小名に「最大」を意味するmaximusが使われることも納得のサイズである。一見すると日本のアオガエルの仲間を大きくしただけのようにも見えるが、本種は全ての四肢で水掻きが非常に発達しており、どちらかと言えばトビガエル（パラシュートフロッグ）と呼ばれる仲間に近いのだと推測できるだろう。昔は各所からWC個体の流通が見られたが、2010年代頃からその数は激減した。変わって近年ではベトナムなどからCB個体（もしかした

らFH個体の可能性もある）がある程度定期的に流通するようになった。しかし、それらには奇形が非常に多く見られる。特に肢の奇形が多いので、購入時には注意するようにしたい。青みが強い個体も多いがそれはイエアメガエル同様に、本文中の「CBのカエルが青くなる？」の項（P.35）を参照していただきたい。特にCB個体であれば飼育は容易と言えるが、跳躍力が強いので驚かせないためにも必要以上の干渉はせず、カエルが落ち着ける環境を用意したい。

レインワードトビガエル
（レインワードパラシュートフロッグ）

Rhacophorus reinwardtii

メス

分布	インドネシア（スマトラ島・ジャワ島）・マレーシア（ボルネオ島を含む）
体長	4〜8cm前後

グリーンの体色にオレンジの脇腹と腹面、そして、オレンジと紺色の四肢を持つ何とも派手派手しいアオガエルの仲間。日本や台湾のアオガエルの仲間と比べると同属とは思えないカラーリングは、愛好家の目を引き、飼育希望者も昔から非常に多い。他種を含めて「パラシュートフロッグ」の名でも親しまれており、その発達した水掻きは水中を泳ぐためというよりは、木から落ちたり木から木へ移動する際に滑空するために使われるためのものだと言われている。しかし、そのさまは狭い飼育下では99%見られないだろう（5m四方以上のケージでも用意できれば別だが）。今も昔もインド

ネシアやマレーシアから少量ずつ輸入が見られるが、他のアオガエル同様に神経質な性格であり、到着の状態も悪いことが多いこともあり長期飼育例が少ない。本種は他のトビガエルに比べるとやや温度の高めの地域に生息しているが、過剰に高温にする必要はなく、むしろ高温時に蒸れてしまうことはマイナスになってしまうので通気の良い広めのケージを用意してトライしたい。なお、トビガエルという和名には違和感があるのだが、ここでは便宜上それで統一させて頂いた。

クロマクトビガエル（ワラストビガエル）

Rhacophorus nigropalmatus

分布	インドネシア（スマトラ島）・マレーシア（ボルネオ島を含む）・ミャンマー南部・タイ南部
体長	8～10cm前後

その名のとおり四肢の膜（水掻き）の部分の色が黒く、指やその他周りの色（黄色）とのコントラストが非常に映える大型のトビガエル。別名のワラストビガエルは本種を初めて採集したとされる生物学者のウォレス氏の名から取ったもので、英名は「Wallace's Flying Frog」であり、その発音が日本語化されてワラスとなった。主にマレーシアからWC個体が輸入されるがその数は非常に少なく、さらに季節物であるため安定した流通は見られない。生息している国名だけ見れば暑さに強そうな印象もあるが、標高がやや高い地域が主な生息地なので、過剰な高温と蒸れに注意し清潔な環境を用意する必要がある。本種も同様に年単位の長期飼育例は少ないので、飼育の際は下準備をしっかりして挑みたい。

ノルハヤティトビガエル

Rhacophorus norhayatii

分布	マレーシア・ミャンマー南部・タイ南部・インドネシア
体長	6.5〜8.5cm前後

先のクロマクトビガエルに似るが、本種の水掻きの色は黒と水色のまだら模様で、個体差はあるが腹面や顎の下にもその色を持つ。決定的に違うのは指の色であり、クロマクトビガエルは黄色なのに対し本種は外側の指が体色そのままのグリーンで、内側の指は水掻きの色（ブルー）であるため、容易に見分けられるだろう。ここ数年になって突如としてマレーシアから輸入されるようになったが、種としての記載自体が2010年であ

るため、過去にはクロマクトビガエルやレインワードトビガエルとして流通していた可能性もあるかもしれない。輸入例が少なく飼育例も少ないのだが、マレーシアのキャメロンハイランド（高地）が主な生息地ということと、少ない飼育例を参考にすると、本種も他のトビガエル同様高温と蒸れには強くない。夏場の高温対策が飼育の鍵になるだろう。

ヒスイトビガエル（マレートビガエル）

Rhacophorus prominanus

分布	マレーシア・インドネシア（スマトラ島・ジャワ島）・タイ南部
体長	6〜7.5cm前後

南米に多いスケルトンなカエルだが、アジア代表は本種だと言って良いだろう。特に幼体期はアマガエルモドキ属に負けない透け感を持ち、成体になるにつれてその透け感はなくなるが、透明感のある美しいライムグリーンの体色に後肢の水掻きの赤がうまい具合に差し色となり非常にお洒落な配色である。他のトビガエルに比べて扁平な体型で、体全体もやや華奢で貧弱な印象を受けるが、これが本種の標準体型であるため、飼育時は過剰に太らせようとすることは避けたい。古くからマレーシアからWC個体が定期的に輸入されてい

たが、本種のWC個体は他種以上に蒸れと高温に弱く、良い状態で輸入されることが少なかったせいか、餌付きもせずに死亡してしまう例がほとんどで長期飼育例は皆無であった。しかし近年は輸送方法が確立し、種の特性もわかったため輸送状態が格段に向上し、ついには国内繁殖例も数件聞かれるようになった。繁殖個体は幼体から餌付きも非常によく、多少の環境の変化にも順応性が高い印象のため、WC個体で失敗している人はCBも視野に入れてみてはいかがだろうか。

ワキモンアオガエル（ワキモントビガエル）

Rhacophorus bipunctatus

分布	マレーシア・タイ西部・ミャンマー・バングラデシュ・インド東部など
体長	3.5〜6.5cm前後

トビガエルと名の付く種の中では水掻きの発達がやや弱めで、よりアオガエルらしさが強い種だと言える。種小名の*bipunctatus*は、*bi*（2つの）*punctatus*（斑点）という意味があり、それは脇腹に左右2つずつある斑点を表す。これがワキモン（脇紋）の名の由来にもなっている。体色はミントブルーからやや薄い赤褐色・薄いグリーンなど変化に富むが、これは個体差ではなくカメレオンやニホンアマガエルなどにも見られる環境や感情による体色の変化である。特に昼夜で色が異なることは多いので、飼育下ではそのさまを観察していただきた

い。古くからマレーシアから多く輸入されており、本種は他のトビガエルよりは丈夫で過度に低温を要求しないため、飼育難易度はやや下がる。餌付きも悪くないので、基本的なツリーフロッグの飼育スタイルを用意すれば問題ないだろう。

ナミシンジュメキガエル

Nyctixalus pictus

分布	マレーシア（ボルネオ島を含む）・タイ南部・インドネシア（スマトラ島・ボルネオ島）・フィリピン（パラワン島）
体長	3〜4cm前後

トナカイのように尖った鼻、体色は赤（オレンジ）の下地に雪化粧をしたような白の斑点。ぜひともクリスマスシーズンに活躍してもらいたくなるような小型美麗種で、まつ毛のように見えるまぶたの上側の配色も愛らしい。近縁種にカザリシンジュメキガエル（*Nyctixalus margaritifer*）がおり非常に似ているが、インドネシア・ジャワ島のみの分布であり輸入時に混同されることは少ない。また、カザリシンジュメキガエルには体表に細か

な突起（ざらついた皮膚）があるため見分けることが可能だろう。近年は主にマレーシアからWC個体が比較的安定して輸入されている。一見すると非常に弱そうな印象を持つが意外と順応性は高く、過剰な高温と蒸れに注意すれば長期飼育も望めるだろう。近年では国内繁殖例も出ているため、CB個体入手のチャンスも巡ってくるかもしれない。

ベトナムコケガエル（コケガエル・モッシーフロッグ）

Theloderma corticale

分布	ベトナム中部以北・ラオス東部・中国南部
体長	6〜9cm前後

これほどまでに、誰が見ても姿と名前が一致するカエルもなかなかいないだろう。日本のイシカワガエルがさらに苔むした感じとなったその姿は一度見たら忘れられない。2000年代初頭からCB個体を中心に少しずつ輸入され始めたが当初は飼育の正解がわからず、過剰に冷やしすぎたり濡らしすぎたりと苦心し、結果的に失敗ばかりしていた苦い思い出がある。幼体期は明るいグリーンが中心となった青々とした雰囲気であり、成長と共に色が濃くなり、成熟した成体はかなり濃いグリーンの体色へと変化する。ベトナム北部が主な原産国で、以前はWC個体も多く流通していたがここ数年

はその数は激減している。代わりにEU圏や国内のCB個体が比較的安定して出回るようになったので、目にする機会は少なくないだろう。飼育に関しては流通当初の苦労をよそに、現在はある程度飼育方法が確立したこともあり特にCB個体は飼育しやすい部類に入ると言え、過剰な暑さと蒸れに注意すれば他のツリーフロッグ同様の飼育スタイルで問題ない。ただし、あまり壁面や葉の裏などに止まることは少なく、逆に流木やコルク・苔の下などに潜っていることも多いので、レイアウトは少し違ったものを用意したい（半樹上棲のヤモリを飼育するようなイメージで）。

コガタコケガエル

Theloderma bicolor

分布	ベトナム北部・中国南部（いずれも狭い範囲）
体長	4〜5cm前後

先のベトナムコケガエルをそのまま小さくやや細くした雰囲気だが亜種関係でもなく全くの別種。ベトナムコケガエルとの区別はやや難しいが、背中の斑紋の違いや腹面の模様の違い・本種の脇腹に出る黒いスポットの有無などで区別することができる。生息地はベトナムコケガエルに近い場所であるが、より標高の高い場所を好む。そのため飼育下でも高温と蒸れにはさらに弱いので、飼育環境作りには注意したい。しかし本種も国内繁殖例が多数あるので、状態良く飼育していれば繁殖も望めるだろう。今のところは主にWC個体の流通となるが非常に不定期なので、国内CBの安定した流通を期待したい。

アスペラムコケガエル（キンメツブハダキガエル）

Theloderma asperum

分布	インドネシア（スマトラ島）・マレーシア・タイ西部〜北部・ラオス・カンボジア・ベトナム・ミャンマー・インド北東部など
体長	2.5〜3.5cm前後

*Theloderma*属の多くが苔や樹皮などに擬態している中で異端な存在。英語圏の別名でBird poop frog（鳥の糞のカエル）と言われており、白と黒の混ざり具合はまさに鳥の糞そのものといった感じで、その擬態具合はなかなかのものである。他種よりもやや広範囲に分布し

ているが国内に入る本種のほとんどはマレーシアからの輸入で、同属他種よりかは定期的に見られる。飼育は同属他種に準じて問題なく、どちらかと言えば他種よりも順応性は高いと感じるため、小型種であるがその小ささはウィークポイントにはならないだろう。

レプロサムコケガエル（マレーツブハダキガエル）

Theloderma leprosum

分布	インドネシア（スマトラ島）・マレーシア
体長	6〜8cm前後

新種記載こそかなり古いが、国内への流通は2010年前後だった。ベトナムコケガエルに匹敵する属中最大級の種で、ベトナムコケガエルをそのまま褐色にし、指先や水掻きに差し色を入れるかのように赤（オレンジ）が入る見ためは初見の時のインパクトは絶大であった。その指先や水掻きの色で似た種のゴードンコケガエル（*Theloderma gordoni*）とも区別することができるだろう。初流通後そのまま安定流通するかと思いきや、生息域が狭いことや生息数の少なさ、そして、CB化されていないことなどが理由で、未だに安定した流通は見られていない。主な流通はマレーシアから輸入されるWC個体だが1度の輸入量は非常に少ない。生息地が冷涼な高地ということもあり、他種同様かそれ以上に高温と蒸れには弱く、時期によっては輸送状態も悪い場合が多いので、購入時は皮膚の溶解などがないかチェックしたうえで購入したい。

亜種タテスジクサガエル（*Hyperolius viridiflavus taeniatus*）

イロカエクサガエル

Hyperolius viridiflavus

分布	ケニア・ウガンダ・タンザニア・スーダン・エチオピア・ルワンダ・ブルンジ・コンゴ民主共和国・中央アフリカ共和国など（亜種や変異個体による）
体長	2〜3.5cm前後

タンザニア産

イロカエ（色変え）の和名は伊達ではなく、この名はアフリカ大陸の東側を中心に非常に広い範囲に分布する本種の亜種や地域変異個体全てを指している。そのバリエーション数は20を超えるとされ、一見すると同種に思えないような色柄も含まれるため、今後分類が変わる可能性はあるだろう。生息域の広さからもわかるようにどのタイプにおいても非常に環境への順応性は高い強健種だが、ケージ内の蒸れ（常時多湿な環境）はあまり好まないので、通気性の良いケージで飼育したい。これは後出のクサガエルにもほぼあてはまる。

キンスゲクサガエル

Hyperolius puncticulatus

分布	タンザニア
体長	2〜3.5cm前後

別種のアルグスクサガエル（*Hyperolius arugus*）と共にタンザニアを代表するクサガエルの1種。キンスジなどと言い間違えも多い種であるが、キンスゲは英名のGolden Sedge frog（金色のカヤツリグサ：スゲ属）が由来となっている。イロカエクサガエルほどではないにせよ、本種も個体差や地域差があるとされているが、それはやや混沌としている。また、雌雄・成長過程でも色の変化が見られ、幼体と成熟したオスの大部分が薄い緑〜やや赤みも入った黄緑の体色に白いV字のラインが鼻先から側頭部にかけて入る。成熟したメスと成熟したオ

スの一部は濃いめのオレンジの体色にオスよりも太いV字のラインが鼻先から側頭部、場合によっては脇腹まで到達する。このような雌雄や成熟具合で色が変わる種はクサガエルの仲間に多く見られる特徴だと言える。愛らしく非常に魅力的な種だが、2014年頃にタンザニアからの全ての生き物の輸出が全面的に禁止となってしまったため、それ以降から2023年現在に至るまで流通は止まったままである。国内外含め安定した繁殖例もないため、タンザニアから生き物の輸出が再開されないかぎり入手はほぼ不可能だと言っていいだろう。

コシグロクサガエル

Hyperolius fusciventris

分布	シエラレオネからカメルーンにかけての各国大西洋沿岸部
体長	2〜3cm前後

西アフリカを代表するクサガエルの1種。以前は *Hyperolius concolor* と混同されていたが、コシグロクサガエルは *Hyperolius fusciventris* を指している。上見ではただのグリーンのカエルだが、本種の魅力は何と言っても裏面だろう。指先がオレンジで腿や手の平がワインレッド、そして、白い腹面には不規則に大きめの黒い斑点が入るという派手でお洒落な"裏側"がある。古くからガーナやトーゴからの流通が見られ、以前はタンザニア産のクサガエルが多く流通していたため陰に隠れがちだったが、飼育下でちらっと見られるその色を楽しみたいという根強いファンは昔から多い。クサガエル属の中でも小型種であるが強健で、他種同様に蒸れた環境にしないことと小さな餌昆虫を安定供給できれば飼育は難しくない。

スイレンクサガエル

Hyperolius pusillus

分布	ソマリア南部・ケニア・タンザニア・モザンビーク・南アフリカ共和国東部
体長	1.5〜2cm前後

スケルトンガエルのアフリカ代表。透き通るような淡いグリーンの体色の魅力は近年人気のフライシュマンアマガエルモドキに勝るとも劣らないだろう。個体差もしくは地域ごとに若干体色の差があるとされ、黒い斑点が入る個体群や鼻先から体側に入る白いラインの濃さが違う個体などが見られる。雌雄差は喉に現れ、成熟したオスは乳白色になり、メスは体色と同じグリーンのままである点で区別できるだろう。主にタンザニアから多くが輸入されていたが、キンスゲクサガエルの解説のとおりタンザニアからの輸入が全て停止して以来、輸入は見られない。他の地域も輸出が困難な地域なので、今後の流通はなかなか見込めない。

キボシクサガエル

Hyperolius guttulatus

分布	シエラレオネからカメルーン、ガボンのにかけての各国大西洋沿岸部
体長	2.5〜3.5cm前後

先のコシグロクサガエルと並んで西アフリカを代表するクサガエルの1種。その名のとおり、黒地に黄色からオレンジ色の細かいスポットが全体に入る特徴的な種だが、その色柄はキンスゲクサガエル同様に雌雄・幼体・成体によって異なる。幼体と成熟したオスの大部分は薄い黄緑の体色に黒の微細な斑点が入る。そして成熟

したメスと成熟したオスの一部が本種の一般的に知られている姿のオレンジの細かいスポットが入る姿となる。主にガーナやトーゴ・ナイジェリアから安定した輸入が続いており、一回の流通量も多いので入手のチャンスは十分あるだろう。

メス

リゲンバッハクサガエル

Hyperolius riggenbachi

分布	カメルーン・ナイジェリア東部
体長	2.5〜4cm前後

明るい透明感のある色彩の種が多いクサガエル属の中において非常に異色な色彩を持ち、艶消しブラックの下地にブロンズ色の幾何学模様のような柄が入る個体が印象的な種。ただ、本種も他種同様に雌雄・幼体・成体によって異なる。幼体と成熟したオスの大部分はやや茶色がかった薄い緑色で、成熟したメスと成熟したオスの一部が本種の一般的に知られている艶消しブラックの下地にブロンズ色の幾何学模様のような柄が入る姿となる。カメルーンやナイジェリアから輸入さ

れているが、他の西アフリカに生息するクサガエルよりは安定した流通ではない。なお、クサガエルの仲間は流通量に反比例して繁殖例が非常に少ないのだが、本種は愛好家の努力によって完全な飼育下繁殖例(輸入してすぐの持ち腹が繁殖したわけではない)がある数少ない1種である。キンスゲクサガエルなども過去に同様の例があるので、今後このような例が増えることを願いたい。

フチドリバナナ ガエル

Afrixalus dorsalis

分布	シエラレオネからガボン・コンゴ・コンゴ民主共和国・アンゴラ北部までの各国大西洋沿岸部
体長	2〜3cm前後

近年いわゆる「バナナガエル」として流通する種類はたいてい本種を指していることが多い。亜種関係としてフタスジバナナガエル（*Afrixalus dorsalis dorsalis*）とミスジバナナガエル（*Afrixalus dorsalis regularis*）が知られている（3亜種とする説もあるが混沌としている）が、輸入時に分けられて輸入されることはほぼない。また、別のバナナガエル属が混ざってくることも少なくない。西アフリカ一帯からアフリカ中央部、そして南西部に至るまで広く分布しているが、主にトレードの多いトーゴやガーナから定期的に輸入されている。小型ながら非常に強健で、ある程度の高温や乾燥にも強いので、ツリーフロッグ初挑戦の人も小さな活昆虫を入手できるなら十分挑戦できる種だと考える。しかし、見ため以上にすばやくて跳躍力があるので、取り扱いには注意したい。

ヒガシ オオバナナ ガエル

Afrixalus fornasini

分布	ソマリア南部・ケニア・タンザニア・モザンビーク・ジンバブエ・南アフリカ共和国東部
体長	3〜4cm前後

フタスジバナナガエル（フチドリバナナガエル）に似るがやや大型で、本種のほうが両サイドの白いラインがより明瞭で太く、個体によっては背面が全て白で覆われてしまうような個体も見られる。個体差が曖昧で種分けがしにくいバナナガエル属においては非常にわかりやすい種だと言えるだろう。本種もフチドリバナナガエル同様に強健種のため飼育欲をそそられるのだが、主にアフリカ大陸の東側一帯から南アフリカ共和国に分布しており、いずれの国も2023年現在は生き物の輸出が困難な国々のため、流通はあまり見込めないだろう。

緑色の成体

ムシクイオオクサガエル（タンザニアビッグアイツリーフロッグ）

Leptopelis vermiculatus

分布	タンザニア
体長	4〜7cm前後

非常に古くから親しまれている大型のクサガエルの仲間で、そのボリューム感と強健さから、昔からのカエルファンなら1度は飼育経験を持つのではないだろうか。本種を調べると鮮やかなメタリックグリーンの個体と茶褐色の個体が出てくると思うが、どちらも本種で間違いない。これはオオクサガエル属（*Leptopelis*）に多々見られる幼体から成体における色の変化、もしくは雌雄差で、幼体と成熟したオスのごく一部はメタリックグリーンに黒の非常に細かい網目模様が入る体色である。これが虫食い模様に見えることから*vermiculatus*（虫食い）の種小名が付けられたとされる。一方で成熟したメス全てとごく一部を除く成熟したオスは、茶褐色に背中に頭側を頂点とする形で三角形のような柄（ライン）が見られるようになり、一部には緑色が所々混

ざるような個体もいる。故に成熟すると雌雄共に茶褐色ベースとなるため雌雄判別はやや難しいが、メスは想像以上に大型になり、サイズ差で見分けることは可能かもしれない。鳴き声がとても愛らしく、文字に書き起こすのは困難な声だが、飼育経験者が口を揃えて言うのは「ネコの声」。ネコゴエガエルという名のカエルがいるが、それは本種にあてはめたほうが良いのでは？　と思うほどである。昔はアフリカのカエルを代表すると言って良いほどの流通量だったが、キンスゲクサガエルなどと同様にタンザニアからの生き物の輸出がストップした2014年以降は1匹も見なくなってしまった。本種はタンザニアにのみ生息しているとされているため、EU圏などで繁殖された個体などの流通も含め、流通は見通しが立たないと言える。

成体

ウルグルオオクサガエル

Leptopelis uluguruensis

分布	タンザニア北東部（狭い範囲）
体長	3〜5cm前後

アフリカのツリーフロッグ人気ナンバー1と言っても良いほどの人気を誇る美しく、かわいらしい中型ツリーフロッグ。その大きな真っ黒な瞳と昔の某消費者金融のCMから「ウルウルオオクサガエル」と言う人も少なくなかったのは懐かしい話である。体色も薄いミントブルーで、そこに個体差はあるが黄色からクリーム色のスポットが入るという、人間に気に入られたいからこの色柄になったのかと思いたくなるほどである。本種には雌雄や成熟具合による色の変異は見られない。

ムシクイオオクサガエルよりはややデリケートさはあるが本種も丈夫なカエルだと言え、過剰な乾燥と高温だけ注意すれば飼育は容易である。しかし、種小名（*uluguruensis*）が表すとおり、タンザニアのウルグル山の近辺など狭い範囲のみの生息であり、他のタンザニア原産種同様に近年の流通は皆無となってしまった。クサガエルの仲間は繁殖もやや困難な種が多く、国内はもちろん海外での繁殖例もほぼ聞かれないため、CB個体の流通も望めないだろう。

ワンガンオオクサガエル

Leptopelis spiritusnoctis

分布	シエラレオネからカメルーンにかけての各国大西洋沿岸部
体長	3〜5cm前後

タンザニアの輸出が完全ストップして以降、オオクサガエル属（*Leptopelis*）の流通が非常に少なくなってしまった感があったが、本種がその穴埋めにひと役買ってくれていると言えるだろう。一見すると茶褐色の地味なカエルだが、よく見ると目の上（まぶた付近）にアイシャドウのごとく赤い差し色が入り、オオクサガエルの丸っこい体型と相まってかわいらしい。本種は西アフリカを主な生息域としているため、トレードの多いガーナやトーゴから比較的安定した流通が見られるため、仮にその時に販売されていなくても少し待てば入手できることもあるだろう。他のクサガエルの仲間同様非常に丈夫で餌付きも良いので、蒸れだけ注意すれば飼育は容易である。

アカミオオクサガエル

Leptopelis rufus

分布	ナイジェリアの南端からコンゴ民主共和国にかけての各国大西洋沿岸部
体長	4.5～8.5cm前後

アフリカ大陸最大級のツリーフロッグと言っても良いだろう。特に大型のメスは大型のイエアメガエルに匹敵するほどの大きさの個体もいるほどである。茶褐色の体色に不明瞭なバンドが背中に入るのが特徴で、不規則な模様などが多いオオクサガエルの仲間において、珍しいバンド模様の種である。西アフリカよりもやや内陸に寄ったあたりが主な生息域で、主にカメルーンから輸入されているが、匹数と回数は少ないため見る機会も少ない。大型で跳躍力もあるため、脅かさないよう落ち着ける環境を整えて飼育に望みたい。また、本種は他のオオクサガエルほど高温と乾燥に強くないため、他種よりも飼育時にやや気を遣う必要があるだろう。

チンガオオオクサガエル（カメルーンビッグアイツリーフロッグ）

Leptopelis brevirostris

分布	カメルーン・赤道ギニア・ガボン
体長	4〜6.5cm前後

一見すると普通の緑色のなんの変哲もないオオクサガエルの仲間だが、本種の特徴は何と言ってもこの顔である。他種と比べてかなり前向きに付いた目と潰れたように短い鼻先のこの顔は、1度見たら忘れられないだろう。チンガオという和名があるが、「珍顔」と勘違いする人が多いのも納得かもしれない。このチンガオは犬の狆（チン）という犬種から取ったものであり、その特徴的な顔が由来となっている。カメルーンを中心

としたアフリカ中西部近辺に分布しており、日本へもカメルーンからの輸入が見られるがその数はやや少なく見る機会も他種に比べるとだいぶ少ない。飼育は基本的に他のオオクサガエルに準じて問題ないが、やや神経質な面があるのと到着時の状態が悪いことが多いので、導入直後は特に気を遣ってあげたほうが良いだろう。

メス

シロテンヒシメクサガエル

Heterixalus alboguttatus

分布	マダガスカル東部の沿岸部
体長	3〜3.5cm前後

キボシクサガエルに似た体色を持つが本種は属から異なり、生息地もアフリカ大陸ではなくマダガスカルにのみ生息する固有種である。本属は後述のソライロヒシメクサガエルを含め合計10種以上が知られており、ヒシメクサガエルの名は明るい時の瞳孔の形が菱形に見えることが由来となる。アフリカ大陸のクサガエルと比べると全体的にややがっちりして厚みがある体型を持ち、止まっている姿は弾丸のように見える。黒地に白から黄色の細かい斑点が背中だけではなく四肢にも入り、手のひらや水掻きはオレンジ色という派手な体色を持ち、この色は昼夜によって若干の変化を見せてくれるだろう。飼育は他のクサガエル同様丈夫な種であることから、他のクサガエルの飼育に準じて問題ない。ただ、マダガスカル原産ということもあり過剰な高温は避けたほうが無難だと言える。マダガスカルからの輸入が不定期ながら見られるが、本種は欧米で繁殖されたCB個体の流通も見られる。また、近年、国内の愛好家の手によって飼育下で繁殖に成功した例もあることから、今後はCB個体の定期的な流通を期待したい。

オス

幼体

ソライロ
ヒシメクサ
ガエル

Heterixalus madagascariensis

分布	マダガスカル東部から北東部にかけての沿岸部
体長	3.5〜4cm前後

左のシロテンヒシメクサガエルとともに古くから知られているマダガスカルを代表するクサガエルの仲間。本種は柄こそないが、その名のとおり背面から四肢にかけて吸い込まれるような淡いスカイブルーの体色を持ち、四肢や顎の下のレモン色や指先のオレンジと相まって非常に上品な美しさがある。本種も昼夜で色彩が変化することが知られていて、昼の明るい時（場所）ではやや黄色みがかった白、もしくは黄色寄りの体色となる場合が多く、夜間の活動時間帯にスカイブルーの体色へと変化することが多い。近年では流通は多くなく、本種は現在ではあまりCB個体の流通も見られないため、入手はやや困難だと言えるだろう。飼育はシロテンヒシメクサガエルに準じて問題なく丈夫な種なので、入手時は繁殖も視野に入れてみたい。

アカメイロメ
ガエル

Boophis luteus

分布	マダガスカル東部
体長	3.5〜6cm前後

「アカメ」と名の付くカエルが多数いるので混乱しそうだが、本種はマダガスカルにのみ生息する「アカメ」。イロメガエル属（*Boophis*）はマダガスカルを代表する固有のツリーフロッグの仲間で、非常に多くの種が知られている。透明感のある濃いめのグリーンの体色に虹彩が二段階に分けられたような赤い目を持ち、四肢の裏や指先はやや青みがかっており、サイズもイロメガエルの仲間としてはボリューミーなため非常に飼育欲をそそられる。しかし、飼育はひと筋縄ではいかない場合が多く、冷涼で多湿という飼育下では作り出しにくい環境を用意することが不可欠となる。イメージとすればやや低温を好む有尾類の飼育を縦方向に伸ばしたような感覚だろうか。これはイロメガエル全般にあてはまる環境だと言える。もちろん飼育下での繁殖例は皆無でCB個体が出回ることもないので、飼育を望む場合はまずしっかりした環境作りをしてから導入するようにしたい。

ベニモンイロメ ガエル

Boophis rappiodes

分布	マダガスカル東部から南東部にかけて
体長	2〜3.5cm前後

透明感のある黄緑色のベース色に背中に赤い斑紋が散りばめられた、非常に美しくお洒落な雰囲気を持つ小型のイロメガエル。まさに「小型美種」という言葉がぴったりなカエルではないだろうか。本種はイロメガエルの中でもやや広めの分布域を持つためか、昔から流通量は他種よりも多めでマダガスカルからの輸入がある時期は見かける機会も少なくない。しかし、本種も同様に飼育は容易とは言えず、特に小型種ということで絶食と乾燥には極端に弱いため到着時すでに状態を悪くしている個体も多い。安価で販売されることも多いが、飼育には「チャレンジ」する気持ちで臨みたい。

アオメイロメ ガエル

Boophis viridis

分布	マダガスカル東部
体長	3〜3.5cm前後

「アカメ（赤目）」に対してこちらは「アオメ（青目）」。その名のとおりアカメイロメガエルの虹彩の外側の濃い赤の部分が青に変わる顔つきとなる、何とも生き物の不思議を感じさせる1種。体色はアカメイロメガエルに比べると黄緑色に近くやや赤みが出る場合もあり、腹部や手のひらの裏側などは青白い。分布域は他種と比べても狭いわけではないが流通量は多くなく、見かける機会は少ないだろう。飼育環境は他のイロメガエルに準じ、本種は特に線が細く長期飼育が困難な場合が多い。購入時はとにかくがっしりして擦れのない個体を選ぶようにしたい。

コミミイロメ
ガエル

Boophis microtympanum

分布	マダガスカル中央部よりの東部
体長	2.5〜4cm前後

透明感のある種のイメージが強いイロメガエルの仲間において異端な存在。アマガエルのような下地に茶色の虫食い模様が入るその体色から、イロメガエルというよりやはりアマガエルのような印象を受けるが、*Boophis*属のカエル。他種に比べてやや低地に分布してい

ることから、若干環境の許容範囲は広いと言えるが、本種もやはり飼育は他種に準じてしっかりしたセッティングをして臨みたい。ただ、流通量は他種よりも多くないので、入手の機会は少ないだろう。

オオイロメ
ガエル

Boophis goudoti

分布	マダガスカル中央部寄りの東部
体長	5〜8.5cm前後

小型で美麗な種の多いイメージが強いイロメガエルの仲間だが、本種を含め褐色、もしくはグレーなど単色に近いような種も実は少なくない。本種はその代表格で、イロメガエル属中最大級の体長を持つということもあり、古くから知られている。濃いめの茶褐色に赤みを帯びた虹彩、そして、その大きさから、どこか怪

しげな雰囲気を持っている。前出のコミミイロメガエル同様にやや低地に分布していることとその大きさ（体力）から、イロメガエルの中では飼育しやすいという意見もあるが、それでもアフリカのオオクサガエルのようにはいかないので飼育時は注意が必要である。

ミドリマントガエル

Guibemantis pulcher（*Mantidactylus pulcher*）

分布	マダガスカル東部
体長	2〜3cm前後

ツリーフロッグとしてはイロメガエル、地上棲種としてはマンテラやスキアシヒメガエルなどスターの多いマダガスカル固有のカエルの中ではかなりマイナーな属であり、日本でもあまり馴染みのない種だと言えるが、流通は古くから見られている。透明感のあるグリーンに尖った鼻とややアンバランスな大きな顔、そして体側に入るラインや斑点が特徴で、成熟したオスの喉は青白くなる。樹上棲とされているが、半樹上棲のようなイメージで、飼育下では地面に降りて活動している姿も多々見られる。流通は多くなく見る機会も少ないが、飼育はイロメガエルよりは気持ちとっつきやすい印象で、ヤドクガエルを飼育するような環境を用意できればなお良いだろう。

Chapter 6 樹上棲カエル飼育のQ&A
—— Question&Answer ——

Q 爬虫類飼育の経験がなくても飼えますか?

A 爬虫類飼育とは近い部分もありますが、あまり関係はありません。水への依存度やビバリウムでの飼育を考えると、どちらかと言えば熱帯魚の飼育経験のほうが役に立つかもしれません。いずれにしても、「とにかくカエルが好き!」「ツリーフロッグが飼いたい!」という強い気持ちがあれば、よほどの飼育困難種でなければ十分飼育可能だと思うので頑張ってください。

Q 寿命はどのくらいですか?

A 種類によって違うのですが、ツリーフロッグの仲間の多くは想像以上に長寿な種類が多いと言えます。たとえばニホンアマガエルでも飼育下で10年以上生きている例があり、イエアメガエルなどは20年近く生きている例もあります。しかし、カエルというものはどうしても長期飼育が困難な種類も多いため、寿命を完全に全うできることも少ないと言えます。また、寿命といっても飼育下と野生下とでも違うし、言ってしまえば個体によっても違います(人間も全員が100歳まで生きるわけではありません)。寿命を気にしすぎることは飼育するにあたってはナンセンスであり、その個体が長生きできるよう全力で飼育に取り組みましょう。

Q 初心者にお勧めの種類はありますか?

A これはツリーフロッグに限らずどの生き物の飼育にも言えることですが、「初心者だからこの種類を飼いましょう」「初心者はまずこの種類から!」というような選びかたや勧めかたは好ましいと思えません。飼育が難しいと感じるポイントは人によって違います。また、あまり興味のないカエルを無理に飼育することはどう考えても良いことではありません。よほどの飼育困難種であれば話は別ですが、自分が飼育したい種類が「少し頑張れば飼えそう」という種類であるなら、お店と相談しながらその種類が飼えるように頑張ることが重要です。ただ、流通の多い少ない・値段の高い安いは当然あるので、そのあたりもお店に質問してみると良いでしょう。

Q 多頭飼育できますか？

A ほとんどの種類において、多頭飼育は十分楽しめます。雌雄を揃えたい場合は複数飼育してペアを見つける必要があるので多頭飼育は必須となります。ケージのキャパシティを超えなければ問題ないでしょう。なお、たまに聞かれますが「1匹だからかわいそうでは？」という考えは持たなくて大丈夫です。生息地では1カ所に多数がいる光景が見られたりしますが、それはほとんどが繁殖期の光景であり、特別"群れているほうが嬉しい"習性はカエルにはありません。ケージのキャパで1匹しか飼えないなどであれば、1匹で悠々自適な生活も良しです。

Q 夏場にエアコンなしで飼育できますか？

A 非常に多い質問ですが、それは各ご家庭の家の作りやお住まいの地域などによって大きく異なるので、安易にYesNoでは答えられません。まずは飼育する部屋の気温を把握するところから始め、エアコン以外の冷却グッズなどを駆使してしのぐのか、高温に強い種類を選ぶのか、真夏だけエアコンを使うのか、完全エアコン管理にするのかを決定をしてください。

Q キッチンペーパーやペットシーツを床材にして飼育できますか？

A 時折受ける質問です。簡易的なケージをセッティングするという形であればそれらを床材として使うのは問題ありません。敷いて水入れを置き、植物やコルクなどを配置するというものです。ただ、どちらも保水力がないので、乾燥にはよりいっそう注意する必要があります。ペットシーツは吸水力はありますが、その水を蒸発させず閉じ込めるので、ケージ内の湿度は保ちにくいでしょう。筆者としてはカエルの飼育にはあまり推奨できないグッズの1つです。

Q イモリなどは指などが欠損しても再生すると聞きました。カエルも再生しますか？

A カエルは傷口が塞がる程度で再生しない…と筆者も思っていましたが、再生する例もあります。写真をご覧ください。このイエアメガエルは飼育下での事故により指が完全になくなってしまった個体でした。それが数カ月の間に写真のように指が生えてきて、完全復元とは言えませんが「手」のような形になってきました。このような例から、イモリのように完全には生え揃わないまでも、多少なりとも再生機能は持つのだと実感しました。ただし、カエルはイモリのように噛み合うなど物理的に手足を欠損することは少なく、感染症などで指が溶けてしまう場合はまた別かもしれません。まだ例が少ないので確実なことは言えませんが、希望は持てるでしょう。

Q 人工飼料に餌付きますか?

A 近年多い質問です。ツリーフロッグの場合、Chapter1でも触れたように、動いているもの以外は餌として認識しません。神経質な種も多いので、人工飼料への餌付けはかなり苦戦する種類が多いでしょう。逆に、餌付く可能性が高い種として挙げられるのはイエアメガエル・ミルキーツリーフロッグ・ニホンアマガエル・アメリカアマガエルなどでしょうか。それらは非常に貪欲なので、たとえばツノガエル用の人工飼料(練り餌)などは食べてくれるかもしれません。ただし、餌付かない場合もあるので、ツリーフロッグを飼育するにあたって「100%生きた虫は触れない!」という人は飼育を諦めてください。

愛らしく、身近な存在なためか、ニホンアマガエルの飼育者は意外と多い

Q ハンドリングできますか?

A 「やめてください」としか言えません。Chapter1のとおり、カエルの皮膚は鱗などの防御壁がなく、粘膜で覆われているだけの非常にデリケートな部分です。手で触るというのはその部分に触れる行為で、ケージの移動やメンテナンスなど、必要最低限に留めるべきです。もちろん種類によって手の上でじっとしているカエルもいますが、それは別に喜んでいるわけではなく、感情としては「無」もしくは「マイナス」です。感情がマイナスなだけであるならまだ救われますが、カエルを掴んだりして粘膜を剥がしてしまうと感染症の危険性などが一気に高まります。また、人間の手から雑菌を拾ってしまう危険性もあるので、そういう意味でも推奨できる理由は1つもありません。強いて言えば、たまに1枚くらい写真を撮りたいからということで、メンテナンスのついでに手に乗せて写真を撮るという程度でしたらカエルも許してくれるでしょう。

指先の上のニホンアマガエル。メンテナンス時などハンドリングが必要な場合でも、掴むようなことはせず、指先へ誘うように乗せる

Q 旅行で1週間弱家を留守にする際、気をつけることは何ですか?

A 季節にもよりますが、何よりも温度対策です。特に気温が高くなる時期、もしくは非常に寒い時期は、設定を緩くしてでも良いのでエアコンをかけていくことをお勧めします(たとえば、夏は28℃、冬なら20℃程度の設定など)。餌は、上陸して間もない幼体でないかぎり、1週間や10日与えなくても大きな影響はありません。最も良くないのは、出かける前にたくさんの餌をケースに入れるという行為です。すぐには食べきれず、餌の虫が個体にまとわり付いてしまう可能性があり、カエルにとって非常にストレスとなります。日数にもよりますが、お出かけ前日もしくは前々日にいつもの量の餌を与え、当日に水入れをきれいにして霧吹きをいつもどおりするだけで問題ありません。心配ならば床材を交換するのも良いでしょう。もし1週間程度かそれ以上の不在で乾燥が心配な場合は、タイマーで霧を自動で噴霧してくれるミストシステムなどが近年発売されているので、不在が多い人はそれらをうまく活用してみてください。

Q ネット通販で卵やオタマジャクシが 安く売られています。買っても大丈夫ですか？

A 質問者さんが飼育の超ベテランで繁殖経験も多数お持ちでしたらダメ元でチャレンジしてみてもいいかもしれませんが、筆者としては全く推奨できません。オタマジャクシを育成し上陸させることは簡単ではありません。しかも、上陸する際(鰓呼吸から肺呼吸に変化する時)に溺死したり、SLS (Spindly Legs Syndrom)と呼ばれる前肢や後肢が出ないというトラブルも非常に多いです。

そのような個体はオタマジャクシの段階では判断できず、「○○のオタマジャクシ」や「○○の卵」と称して販売しているのに、上陸したら全く別な種類だったというトラブルも稀に聞かれます。そういう意味でも、特に飼育経験の浅い人には200%お勧めできない売買です。生き物の個人売買は金銭トラブルや輸送トラブルも多いので、少しでも不安を感じる人は避けてください。

Q カエルが地面や床材の中にいることが多いです。 具合が悪いのでしょうか？

A 飼育下で活動時間に餌を追いかけて地面に降りるということであれば珍しい光景ではありません。特に狭いケース内の話なので、30cmや50cmの高さなどは、自然下で言うなれば高さとも言えないレベルなので、彼らにとってはケージの底は地面という意識すらないかもしれません。また、彼らが湿り気を求めて地表や地中にいる場合もあります。自然下では木の上よりも地面や地中・木のうろの中のほうが湿り気があり、保湿が期待できると言えます(土や落ち葉の中が湿っているので)。そのため、彼らは湿り気が足りなくなると、野生の習性が発揮されて地面に潜ったりするようになります。あまりに潜る時間が長かっ

たり回数が多かったりするようなら、霧吹きの回数や量を増やしてみても良いでしょう。潜っていてそれがダメな行為ではありませんが、乾きすぎが続くと彼らの活性も下がってしまいます。その他、考えられるのは乾季や冬に見られる休眠です。Chapter3の「健康チェックとトラブルなど」の項でも解説したとおり、種類によっては休眠期があります。休眠期などに入ると土中に潜ってじっとしていることが多く、そうなると長期間出てこないことも考えられます。まずは原因を見極め、心配であれば購入したショップに相談するようにしましょう。

Q ツボカビ症というのはどのようなものですか？

A ツボカビという真菌の1種がカエルの体表に寄生・増殖して皮膚呼吸を困難にする病気の1つです。ツボカビというものは他にも存在し、カエルに寄生するものはカエルツボカビという種類で、種類を問わず寄生します。日本では2006年に飼育下のカエルから初めて検出されましたが、後の研究から日本では昔から常在していた真菌で、国内の在来種のほとんどに耐性があるということがわかりました。飼育下で発症してしまうと食欲不振や脱皮不全が起き、徐々に衰弱して死亡してしまう可能性が高いと言えます。ツボカビ症の特徴的な

症状としては、脱皮の回数が異常なほど増える・体表(皮膚)が変に乾いて突っ張ったようになる・動きが緩慢になる、などが挙げられます。これらの症状が見られたら、まずはその個体を隔離したり、その個体のケージを掃除した手やピンセットでその他のケージを触らないようにするなど菌が他に拡散しないように対処します。不安であれば、動物病院に相談しましょう。近年では治療法も確立してきたので、早い段階なら治る可能性も十分あると思います。

Q 国産種を自分で採集して飼育したいのですが、悪いことですか?

A 近年は自然保護の動きが活発になり、採集というだけで白い目で見られるようになってしまいました。もちろん、飼育する分以上に採集したり(個人売買目的など)、どんな理由があろうとも保護種を採集することは絶対に何があってもダメですが、そうではなく、あくまでも個人の飼育・繁殖・研究のための採集であれば、筆者は悪いことだとは考えません。採集のために生息地に出向いて個体を探す行為は環境を知る良い機会にもなるでしょう。ただし、採集する際はくれぐれも生息域を荒らさず、地元の人と揉め事を起こさないよう、細心の注意を払ってください。「ゴミを捨てる」などは論外で、めくった石や倒木などは必ず元どおりにし、オタマジャクシなどを採集する際に水から出した落ち葉などもできるだけ元に戻してください。また、南西諸島などを中心に年々保護対象地域や保護種も増えてきているので、ネットや雑誌などで自分の採集したいカエルの保全状況を必ずチェックしてください。種全体ではなく地域的に保全されている場合もあるので要注意です。

愛知県で撮影したニホンアマガエルの幼体。身近にたくさんいるからといって、むやみに大量捕獲するようなことはせず、きちんと飼い切れるかどうかなどよく考えて最低限の匹数を採集したい。また、飼いきれなくなったからと、たとえば遠く離れた親戚の家付近で捕まえたモリアオガエルを自宅そばに放すのも厳禁。同種・同亜種だったとしても遺伝子汚染に繋がりかねない

Q 飼育していた個体が死亡してしまったらどうしたら良いでしょう?

A 飼育する以上、理由はさまざまですが飼育個体が死亡してしまうことはもちろん避けられません。以前は土に埋めてあげるという形を推奨する傾向もありましたが、近年では日本にない病気や菌などの国内への広がりを防止する意味でも、やたらと埋めてしまうことはNGとされるようになりました(カエルツボカビなどの野外拡充を防ぐためにも)。では、どうすれば良いか。いくつか例を挙げると、ペット用の火葬をし遺灰を保管する・骨格標本にしてもらう・透明標本にしてもらうなどがあり、ペットを死後も身近に置いておきたい人はこれらはお勧めです(小型種は難しいかもしれません)。また、埋めることも、自宅敷地内のプランターや大きな鉢植えなど自然と接点のない土中ならば問題ありません。あまり土が少ないと土壌バクテリアが少なくうまく分解されずに腐って異臭を放つ原因となりかねないので注意してください。感情が割り切れるのであれば可燃ゴミとして処理をするというのも1つの方法で、倫理的に言ってしまえば公園や野山に埋めたりするよりはよほど良いとされますが、これは各自でご判断ください。

イエアメガエルの骨格標本(写真提供:骸屋本舗)

執筆者

西沢 雅（にしざわ まさし）

1900年代終盤東京都生まれ。専修大学経営学部経営学科卒業。幼少時より釣りや野外採集などでさまざまな生物に親しむ。在学時より専門店スタッフとして、熱帯魚を中心に爬虫・両生類、猛禽、小動物など幅広い生き物を扱い、複数の専門店でのスタッフとして接客業を通じ知見を増やしてきた。そして2009年より通販店としてPumilio（プミリオ）を開業、その後2014年に実店舗をオープンし現在に至る。2004年より専門誌での両生・爬虫類記事を連載。そして2009年にはどうぶつ出版より『ヤモリ、トカゲの医食住』を執筆、発売。その後、2011年には株式会社ピーシーズより『密林の宝石 ヤドクガエル』を執筆、発売。笠倉出版社より『ミカドヤモリの教科書』など教科書シリーズを執筆、発売。2022年には誠文堂新光社より『イモリ・サンショウウオの完全飼育』を執筆、発売。

【参考文献】
・アクアリウムシリーズ『ザ・カエル』（誠文堂新光社）／田向健一
・山渓ハンディ図鑑『日本のカエル+サンショウウオ』（山と渓谷社）／奥山風太郎
・アクアウェーブ（ピーシーズ）数冊
・クリーパー（クリーパー社）数冊
・両生類・爬虫類専門雑誌Caudata 創刊号

STAFF

執筆	西沢 雅
写真	川添 宣広
特別協力	小川 晃央、大矢 優、宮川 ゆきえ
イラスト	岩本 紀順
協力	アクアセノーテ、aLiVe、エンドレスゾーン、KawaZoo、キャンドル、くろけんファーム、サウリア、高田爬虫類研究所、永井浩司、爬虫類倶楽部、プミリオ、BebeRep、松村しのぶ、ミウラ、リミックス ペポニ、レップジャパン、レプタイルストアガラパゴス、レプティリカス、わんぱーく高知アニマルランド
表紙・本文デザイン	横田 和巳、神戸玲奈（光雅）

|飼|育|の|教|科|書|シ|リ|ー|ズ|

樹上棲カエルの教科書

樹上棲カエル飼育の基礎知識から
各種類紹介と繁殖 etc.

2023年4月11日　発行

発行所	株式会社笠倉出版社
	〒110-8625　東京都台東区東上野2-8-7 笠倉ビル
	☎0120-984-164（営業・広告）
発行者	笠倉伸夫
定 価	2,200円（本体2,000円＋税10％）

©Kasakura Publishing Co,Ltd.2023 Printed in JAPAN

ISBN978-4-7730-6143-7

印刷所	三共グラフィック株式会社